Patrick Dorian

Les messagers de l'au-delà

AF548616

Patrick Dorian

Les messagers de l'au-delà

Moïse, Freud, Napoléon et les autres...

Éditions Vie

Imprint
Any brand names and product names mentioned in this book are subject to trademark, brand or patent protection and are trademarks or registered trademarks of their respective holders. The use of brand names, product names, common names, trade names, product descriptions etc. even without a particular marking in this work is in no way to be construed to mean that such names may be regarded as unrestricted in respect of trademark and brand protection legislation and could thus be used by anyone.

Cover image: www.ingimage.com

Publisher:
Éditions Vie
is a trademark of
Dodo Books Indian Ocean Ltd. and OmniScriptum S.R.L publishing group

120 High Road, East Finchley, London, N2 9ED, United Kingdom
Str. Armeneasca 28/1, office 1, Chisinau MD-2012, Republic of Moldova, Europe
Printed at: see last page
ISBN: 978-613-9-59073-5

Copyright © Patrick Dorian
Copyright © 2021 Dodo Books Indian Ocean Ltd. and OmniScriptum S.R.L publishing group

Les messagers de l'au-delà

Moïse, Freud, Napoléon et les autres...

Patrick Dorian

2021

Ce livre est né de deux idées.

Il y a quelque temps, une jeune femme me demanda de l'accompagner dans sa spiritualité. Après concertation avec l'univers, celui-ci décida de lui apporter quelques *« réflexions célestes »*. Je constatai rapidement la portée philosophique, que ces messages avaient eue sur cette personne…

Depuis quelques années déjà, certaines personnalités venaient régulièrement m'apporter des *« pensées »,* de leur passé terrestre, ainsi que de leur présent céleste…

L'idée me vint donc, de conjuguer les deux et d'en faire un livre, afin d'en faire bénéficier le plus grand nombre. Je suis heureux de vous présenter : Les messageres de l'au- delà.

Tous les messages que vous découvrirez dans ce livre, provenant d'êtres de lumière et d'âmes célèbres ou inconnues, tiennent de mon expérience personnelle.

Le pouvoir ce n'est pas forcément la victoire. Cela peut-être aussi la défaite. La compréhension de celle-ci vous permettrait d'ailleurs de vous battre plus fortement, afin d'avancer spirituellement.

Aaron, (frère de Moïse)

Ne regardez jamais le côté sombre mais toujours le côté clair. Cette clarté vous mènera à nous.

Alexandre II (empereur russe)

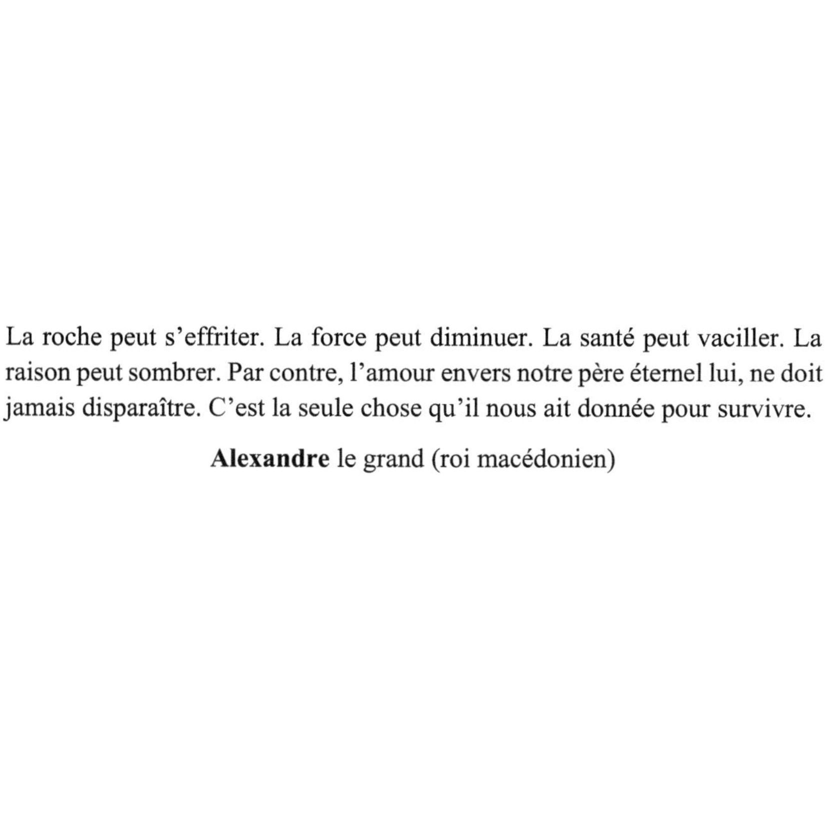

La roche peut s'effriter. La force peut diminuer. La santé peut vaciller. La raison peut sombrer. Par contre, l'amour envers notre père éternel lui, ne doit jamais disparaître. C'est la seule chose qu'il nous ait donnée pour survivre.

Alexandre le grand (roi macédonien)

Les forces d'attraction céleste et terrestre se complètent. L'une sans l'autre ne pourrait exister. L'une sans l'autre ne saurait déplacer des montagnes. L'une et l'autre doivent s'entrelacer dans cet univers.

Mohamed **Ali** (boxeur)

De vous à nous ce sera toujours pareil. Alors que de notre côté, nous vous regardons. Du vôtre, vous nous délaissez. Ne restez plus seuls et abandonnez-vous à nous. A notre seigneur Jésus-Christ et à notre père éternel. Seuls eux, pourront vous sauver. Le reste vous détruira.

Alphonse **Allais** (journaliste, écrivain…)

La loi divine ne devra pas être divulguée au seigneur des ténèbres. Car de lui proviendra le chaos.

L'**Alliance,** pour un monde céleste plus juste

Jeanne d'Arc

Je suis Jeanne d'Arc. Mon combat n'a pas été vain. Il a amené mon nom au firmament des soldats du roi de France. On a menti aux gens en disant que j'ai été la pucelle d'Orléans. J'ai connu l'amour avec des soldats. Mais pour mon image, il valait mieux que je reste celle que l'on pensait connaître. Alors Jeanne d'Arc est celle que l'on connaît. Pourquoi changer une image installée depuis plusieurs centaines d'années ? Aujourd'hui, Jeanne d'Arc n'a pas de pays et pas de patrie. Aujourd'hui, Jeanne est tellement tout. Jeanne est de l'autre côté de l'univers. Je reste auprès de votre monde tout en étant auprès des âmes en perditions et des êtres d'amour. Jeanne d'Arc n'a pas été très loin. Jeanne d'Arc est proche de votre monde. Proche de son royaume et proche de son roi. Jeanne d'Arc est morte, non pas comme vous le pensez. Pas suppliciée. Pas brûlée, comme on vous l'a vendu mais morte étouffée par la fumée que je respirais. Plus que cette peur de mourir, il y avait surtout la peur de tomber et de mettre la France en feu et en bataille contre l'Angleterre. Voilà de quoi Jeanne avait vraiment peur avant de mourir.

2020 aura été tragique. Ne pensez pas que tout cela va s'arrêter par un simple vaccin. Absolument pas. Le destin vous a apporté un nouveau signe mais je doute que celui-ci vous parle plus que les autres (lèpre, sida, Ebola…). Aujourd'hui, vous guérissez encore votre corps terrestre mais votre foi ? Comprenez que sans Dieu et nous, anges et êtres célestes, votre vie et votre pardon ne tiendront plus très longtemps. Alors ne cessez jamais de nous écouter et de nous croire. C'est de nous que viendra la guérison de l'âme et du corps terrestre.

Amiel, prince prêcheur devant l'autel de l'amour et de la compassion

A tâtons, vous avancez vers nous. Alors que vous devriez courir vers Dieu. Oubliez votre peur et continuez d'avancer vers lui.

Aphrodite (déesse de la mythologie grecque)

Dieu est amour et patience avec nous.

Joseph d'**Arimathie** (personnage du Nouveau Testament)

Lorsque votre foi pleure, c'est tout l'univers qui pleure. Lorsqu'elle rit, c'est tout l'univers qui rit. Heureux, l'être qui s'est autoproclamé *« fils du divin »*. Il marchera sur les pas de son père créateur. Plus il avancera sur ses traces moins il manquera d'amour. S'autoproclamer enfant céleste n'est pas un mensonge. C'est juste une autre façon de s'imaginer au sein de l'univers céleste et terrestre.

Aristote (philosophe)

L'importance est de ne rien perdre. Ni la conscience de notre existence, ni la preuve de nos manifestations autour de vous. Nos missionnaires célestes vous accompagnent de leurs présences. Les preuves que vos semblables veulent avoir ne seront que fautes de foi. Alors cessez de vouloir croire et croyez-nous. De cette croyance viendra la délivrance de votre âme.

Louis **Armstrong** (musicien et chanteur)

L’avenir de la planète vous appartient. C’est à vous de décider, si vous voulez continuer de la gérer de cette façon ou de vous montrer plus bienveillant envers elle.

Neil **Armstrong** (astronaute)

Pierre Bellemare

Je suis Pierre Bellemare. Je connaissais tellement de choses et de personnes sur terre que je pensais tout savoir. Mais depuis que je suis de l'autre côté de l'univers céleste et terrestre, je constate que j'étais très loin de tout connaître. Pourtant, tant de fois j'ai dicté mon savoir. J'ai été arrogant et méchant envers mon entourage. Tant de personnes sont parties avant que je ne puisse leur parler vraiment. Merci de nous permettre de nous exprimer. Même si nous savons que l'autre côté nous pardonne, je voulais faire mes excuses aux personnes que j'ai croisées durant mon parcours sur cette vieille planète et que j'ai volontairement blessées. Je demande pardon aux gens que j'ai pu choquer ou blesser, car le pouvoir blesse souvent les gentils. Personne ne devrait se retrouver blessé par son prochain. Aujourd'hui, je comprends la parole de notre père éternel et je voudrais la partager avec vous. C'est cette parole qu'il nous faut respecter avant toute chose. Merci de m'avoir permis de m'exprimer à travers mon récit. Prenez notre amour et notre force spirituelle. C'est ce que nous avons pour faire évoluer les hommes, femmes et enfants de la planète Terre. Au revoir et à très bientôt.

Pierre Bellemare, auteur de récits policiers et conteur particulièrement dévoué au service des médias français : télés, radios, journaux et conférences.

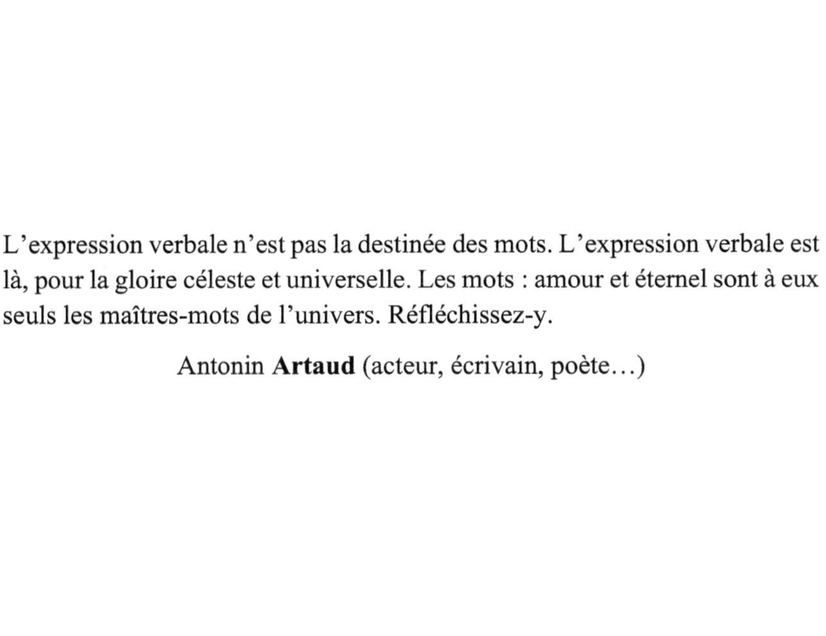

L'expression verbale n'est pas la destinée des mots. L'expression verbale est là, pour la gloire céleste et universelle. Les mots : amour et éternel sont à eux seuls les maîtres-mots de l'univers. Réfléchissez-y.

Antonin **Artaud** (acteur, écrivain, poète…)

Avoir et être, sont les mots les plus forts de votre création terrestre. Vivre et mourir ne sont que les mots d'une vision humaine étriquée. Votre raison veut vous faire croire que nous n'existons que dans votre imagination. Alors que nous sommes si proches de vous.

Florence **Arthaud** (navigatrice)

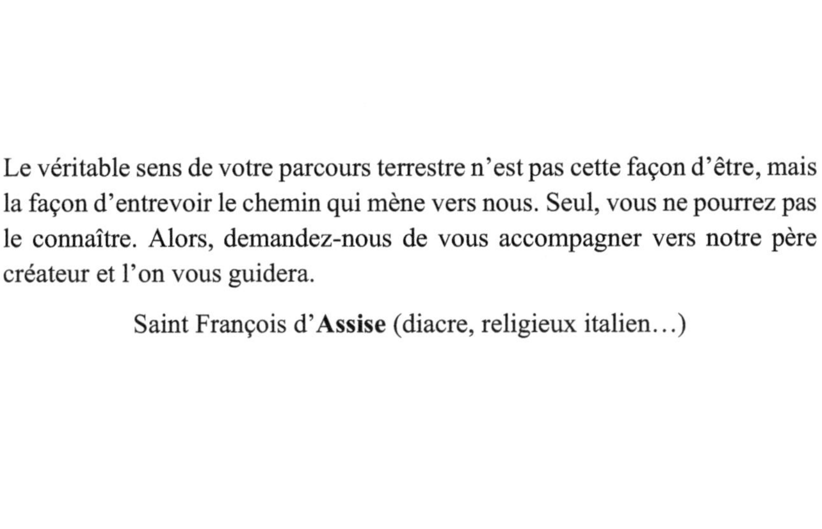

Le véritable sens de votre parcours terrestre n'est pas cette façon d'être, mais la façon d'entrevoir le chemin qui mène vers nous. Seul, vous ne pourrez pas le connaître. Alors, demandez-nous de vous accompagner vers notre père créateur et l'on vous guidera.

Saint François d'**Assise** (diacre, religieux italien…)

La rose meurt après quelques jours d'intense floraison. Le corps lui, ne meurt jamais. Si le corps terrestre disparaît, le corps céleste lui, reste et demeure toujours vivant.

Aude

Le mot d'ordre est constamment le même : l'amour de notre père créateur. Alors, sachez le reconnaître. La pyramide de notre père éternel est la suivante : Son Esprit Saint est son compagnon de route céleste et universel. Son enfant Jésus-Christ ressuscité est le saint patron des anges célestes et universel. Quant à sa mère Marie, femme éternelle, elle est la sainte diva de l'amour de l'être humain.

Auguste (empereur romain)

Celui qui ne regarde jamais le ciel, ne pourra jamais imaginer son père éternel comme un havre d'amour et de paix intérieure.

Marc **Aurèle** (empereur romain)

Frida Boccara

Je voudrais communiquer ma joie de vivre avec la terre. Je vous vois, pauvres êtres humains, essayer de survivre. Mais vos illusions vous trompent. Écoutez-nous. Nous sommes vos amis. Nous vous adressons à chaque instant de l'amour. J'étais chanteuse sur terre. Je suis aujourd'hui marraine d'âmes en errances. Ma solitude m'a pesé sur terre. Ici, je jouis d'une magnifique présence d'âmes autour de moi. Je suis Frida Boccara. Ma vie a été longue sur terre. Aujourd'hui, ma vie est belle. Je suis heureuse de pouvoir annoncer aux Terriens que notre monde est magnifique. Oubliez tout ce que l'on a pu vous dire sur nous. Nous sommes là et bien vivants.

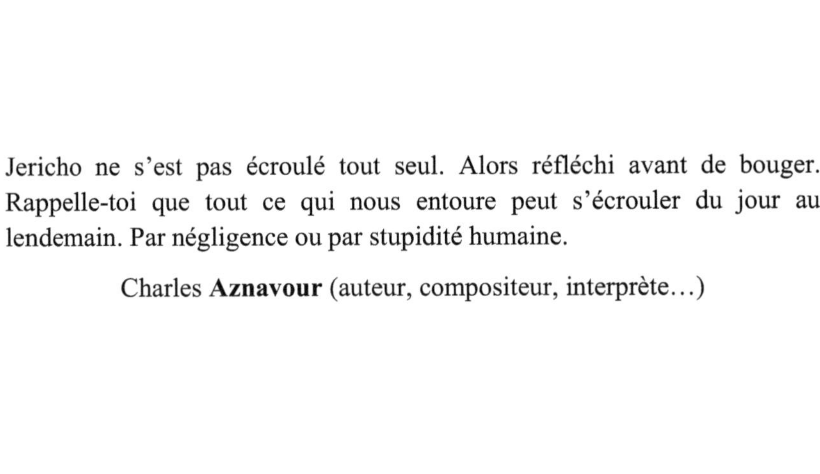

Jericho ne s'est pas écroulé tout seul. Alors réfléchi avant de bouger. Rappelle-toi que tout ce qui nous entoure peut s'écrouler du jour au lendemain. Par négligence ou par stupidité humaine.

Charles **Aznavour** (auteur, compositeur, interprète…)

Le désir n'est pas la seule chose à vouloir obtenir. L'amour et le raisonnement devraient également en faire partie. Le désir d'obtenir se doit, d'être le moins en conscience avec votre cœur. Par contre, le raisonnement d'être encore et toujours l'enfant de vos parents créateurs (anges, guides, êtres de lumière...) lui, doit être au plus proche de vos préoccupations. Enfin, l'amour de Dieu se doit d'être encore et toujours allumé de mille feux ardents. C'est pour cela que nous sommes encore et toujours à vos côtés.

Jean Sébastien **Bach** (compositeur et musicien)

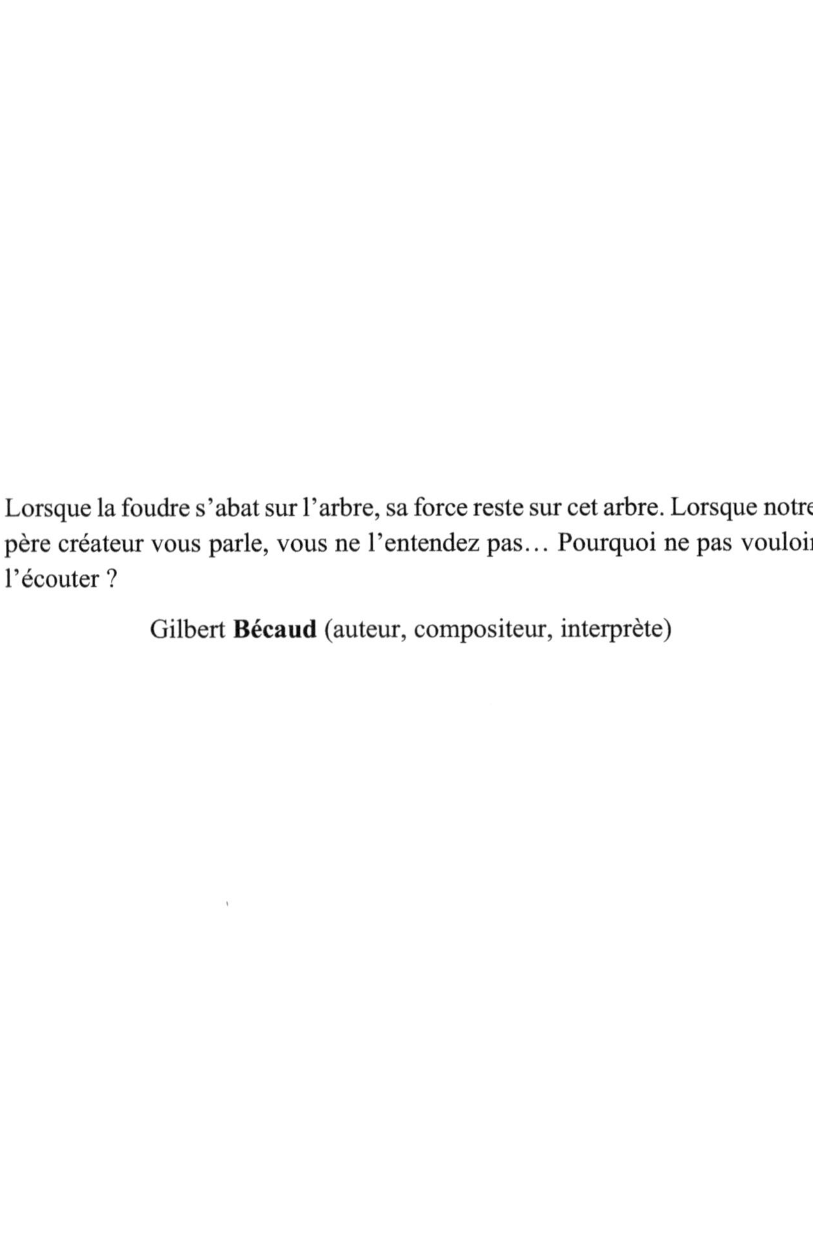

Lorsque la foudre s'abat sur l'arbre, sa force reste sur cet arbre. Lorsque notre père créateur vous parle, vous ne l'entendez pas… Pourquoi ne pas vouloir l'écouter ?

Gilbert **Bécaud** (auteur, compositeur, interprète)

La lyre vous enseigne cette douce musique céleste, mais vous l'écoutez avec un cœur sourd. Ne soyez aucunement fermé dans un corps et une âme insensible. Devenez l'apôtre de nos âmes et toutes vos demandes seront prises en compte. Mais pour progresser, il vous faudra d'abord écouter cette douce musique céleste.

Ludwig Van **Beethoven** (compositeur et musicien)

Finalement, cette force d'attraction pour notre père créateur n'aura jamais atteint véritablement votre cœur. C'est vraiment dommage car c'est la source et la base de votre civilisation terrienne. Ne l'ignorez plus et demandez-vous si tout cela ne serait pas un problème, dû à votre cartésianisme ?

Hector **Berlioz** (compositeur et chef d'orchestre)

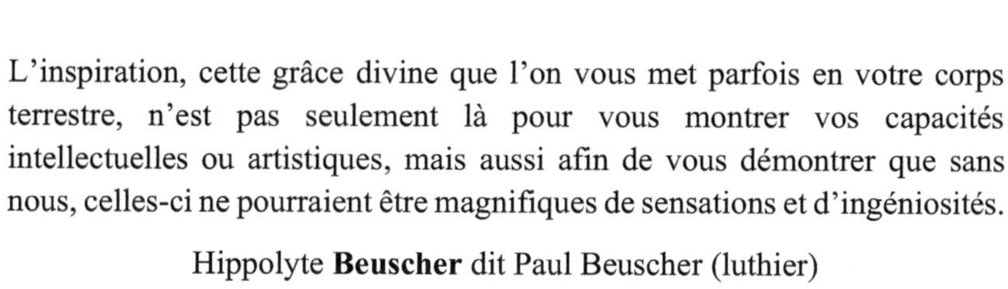

L'inspiration, cette grâce divine que l'on vous met parfois en votre corps terrestre, n'est pas seulement là pour vous montrer vos capacités intellectuelles ou artistiques, mais aussi afin de vous démontrer que sans nous, celles-ci ne pourraient être magnifiques de sensations et d'ingéniosités.

Hippolyte **Beuscher** dit Paul Beuscher (luthier)

Carlos

Je suis Yvan Chrysostome dit Carlos. J'aurais aimé avoir d'autres chansons à chanter pour faire taire les imbéciles que je ne supportais plus. Pour leur montrer que je pouvais aussi chanter le merveilleux amour. Mais je n'ai pas eu le temps de le faire. Aujourd'hui, je n'ai plus de temps pour continuer de chanter. Marie souhaite que je redevienne un peu plus sérieux pour venir au secours d'autres personnes. Me consacrer aux enfants perdus. Mon travail aujourd'hui n'est plus de chanter mais d'aller au secours des enfants en danger de mort, sur tous les continents. Parfois, on me permet de mettre de l'insouciance dans mes travaux. C'est à ce moment-là que je peux de nouveau me mettre à chanter pour les enfants dans le malheur et la misère. Après, je recommence mon travail pour améliorer l'existence de ces enfants massacrés par la douleur, d'avoir tout perdu : maison, famille, vie et espoir.

La foi, c'est imbroglio d'amour et d'espérance. De douleurs, de tristesses et de joies. De victoires et de défaites. C'est tout cela que l'on appelle la foi. Celle que vous mettez à l'épreuve à chaque instant de votre existence et que nous recevons comme des cadeaux terrestres.

Jules **Bianchi** (pilote de course)

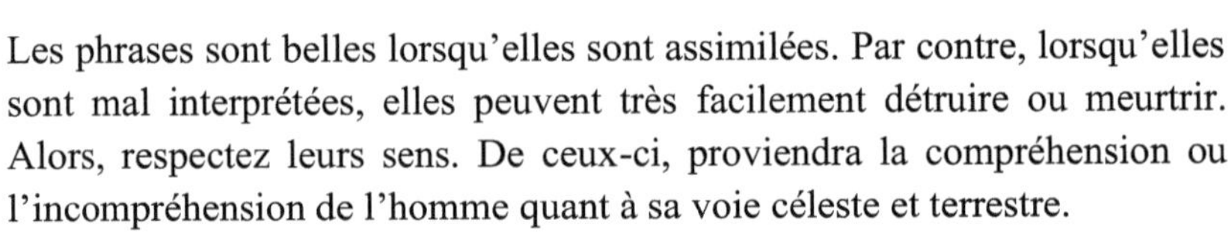

Les phrases sont belles lorsqu'elles sont assimilées. Par contre, lorsqu'elles sont mal interprétées, elles peuvent très facilement détruire ou meurtrir. Alors, respectez leurs sens. De ceux-ci, proviendra la compréhension ou l'incompréhension de l'homme quant à sa voie céleste et terrestre.

Maurice **Biraud** (acteur, animateur radio…)

Le parcours céleste est aussi fort, si ce n'est plus, que votre parcours terrestre. Et pourtant, vous ne pouvez le concevoir, sans vous dire que tout ceci n'est qu'illusion et imagination. Alors que celui-ci est pourtant très bien construit. Même mieux que tout autre chose, au sein de l'univers.

Gérard **Blanc** (musicien et chanteur)

Vivre ou mourir… Ne restera le jour J que votre volonté ou non, de rejoindre notre père créateur. Ma volonté de vivre n'aura pas eu raison de mon envie de repartir, vers mon père éternel. Alors, réfléchissez à cela. Que vaudrait l'existence sans l'amour de son père ?

Louison **Bobet** (coureur cycliste)

Je navigue au creux des vagues faites de sons et de chants éternels. Ces vibrations célestes que l'on reçoit et redonne au gré des courants universels. Chaque empreinte sur votre corps terrestre n'est pas violence, mais une victoire contre les forces du mal. Chaque force du mal sera au final, bénie et rendue aux mains de notre père créateur. Il n'existe force plus grande que celle de votre seigneur Jésus-Christ. Son royaume s'ouvrira en grand devant vos yeux ébahis, lorsque vous reviendrez les mains tendues d'espérance et de pardon. Alors, notre père éternel ainsi que son fils, vous serreront dans leurs bras.

Napoléon **Bonaparte** (militaire, homme d'état et empereur français)

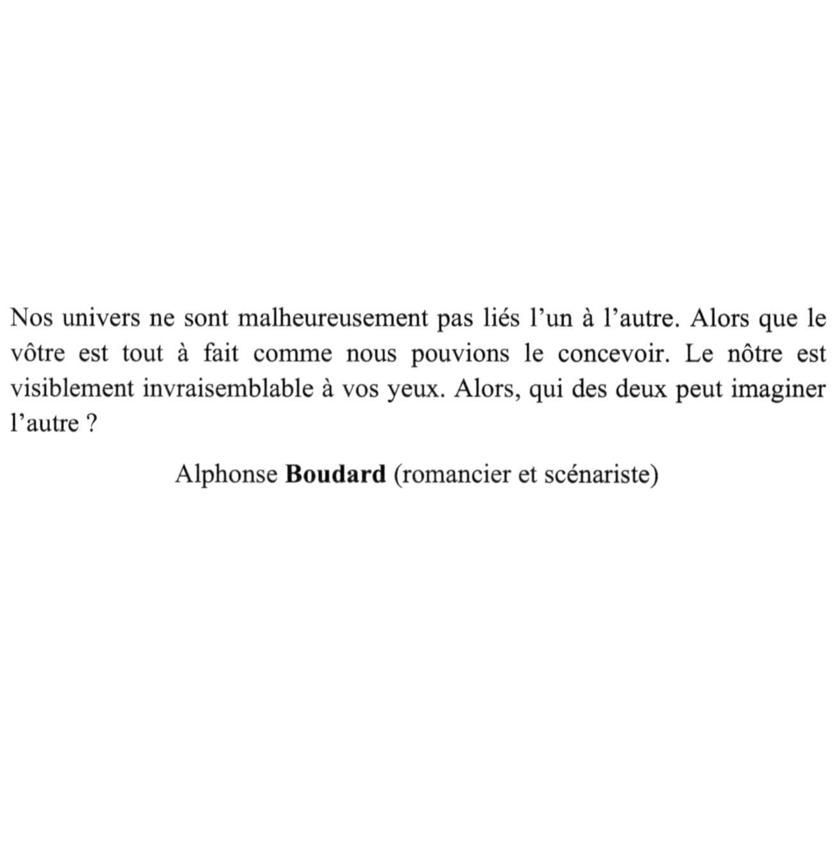

Nos univers ne sont malheureusement pas liés l'un à l'autre. Alors que le vôtre est tout à fait comme nous pouvions le concevoir. Le nôtre est visiblement invraisemblable à vos yeux. Alors, qui des deux peut imaginer l'autre ?

Alphonse **Boudard** (romancier et scénariste)

Claude Chabrol

La bourgeoisie m'a toujours intéressé. J'ai été cinéaste avant toute chose, mais aussi père. Celui que l'on voudrait avoir en cachette car il n'est jamais à la maison. Alors il ne peut s'occuper de vos devoirs comme tout père le ferait chez lui avec ses enfants. Aujourd'hui, ma vie est tranquille. Je suis bien. Je vais d'aventures en aventures. Je prends le côté obscur du monde et le fait briller de mille feux célestes. Pourquoi réserver cet amour divin aux premiers de cordée, comme dirait Emmanuel Macron ? Je pense que l'on pourrait accorder un peu de cet amour, chaque jour, à toutes les personnes sur terre. Aujourd'hui, ne voyez pas en moi quelqu'un de personnel et ambitieux comme j'ai pu l'être sur terre. Maintenant, ma vie est consacrée aux autres âmes qui viennent nous rejoindre de ce côté de la vie. Alors prenons-nous la main et dansons autour de ce feu d'amour céleste et divin, qu'est la vie éternelle, offerte par Dieu tout-puissant.

La véritable floraison n'est pas ce moment magique où naissent fleurs et senteurs... La véritable floraison est cet instant où vous prenez conscience de notre réalité.

Godefroy de **Bouillon** (chevalier franc)

La naissance, la croissance et la mort sont les trois piliers de votre existence. La naissance, ce stade débutant votre existence. Celle-ci peut être facile ou difficile mais elle sera toujours prépondérante, pour vous montrer votre parcours terrestre. Celui-ci sera long ou court. Bon ou mauvais mais il sera toujours là, pour vous montrer vos ascensions et vos descentes aux enfers. Enfin, la mort n'est pas l'infiniment lointain. Cette mort dont vous redoutez la venue, n'est pas forcément mauvaise. Elle peut-être aussi libératrice et vous sauver de vos souffrances terrestres. Ne vous laissez plus guider sur les chemins. Prenez les rênes de votre vie et dirigez-là comme vous le souhaiteriez. Avec votre cœur terrestre et vos sentiments célestes, montrez-nous vos échecs mais aussi votre envie de réussir. Continuez ainsi et n'ayez plus de rancunes envers ces piliers de l'existence.

Bertolt **Brecht** (dramaturge, metteur en scène, écrivain…)

Alors que votre pauvre terre porte cette lourde tâche de ne pas mourir et se décomposer. Vous de votre côté, que seriez-vous prêt à faire pour elle ?

Carlos (chanteur)

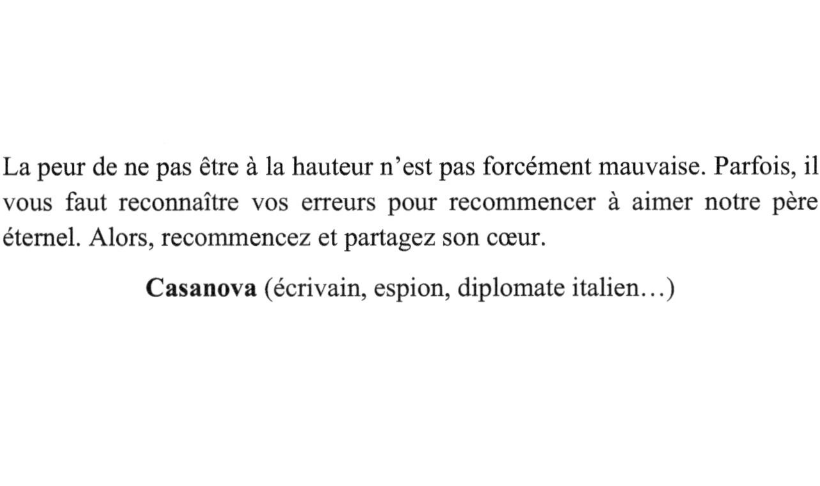

La peur de ne pas être à la hauteur n’est pas forcément mauvaise. Parfois, il vous faut reconnaître vos erreurs pour recommencer à aimer notre père éternel. Alors, recommencez et partagez son cœur.

Casanova (écrivain, espion, diplomate italien…)

La gloire de mon père créateur est terriblement belle. La vôtre n'est qu'éphémère. La sienne est immense. La vôtre n'est que terrestre. La sienne est si forte. La vôtre ne peut soulever des montagnes. Alors, comprenez bien que tous vos actes pour être reconnu glorieux et importants, ne vous serviront strictement à rien pour votre venue dans notre ciel. La gouvernance de ce ciel n'appartient qu'à son bon vouloir, et non à votre soi-disant force terrestre. Ne jouez pas avec le feu.

Casimir 1er (prince polonais)

La vérité est enfouie au jardin d'éden comme la pomme d'Adam l'est au cœur des hommes. Les progrès de la science ne pourront jamais atteindre le divin, source jaillissante de lumière. Rares, sont ces instants de grâce que notre père créateur nous accorde. Alors sachez les reconnaître et en tirer un maximum de joie et de paix, dans l'amour éternel.

Cassiel (ange)

Claudette Colbert

Je m'appelle madame Claudette Colbert. J'ai été une actrice très réputée vers les années 40. J'allais entrer au Panthéon des vedettes américaines, lorsque je n'ai plus pu tourner à cause d'une grave maladie. Je ne parle pas de cancer. Cette maladie était la lassitude des réalisateurs de me voir jouer les mégères, au sein des équipes de tournages. Alors, on a cessé de me solliciter. Je n'ai donc plus autant tourné qu'avant. Il est vrai qu'avant je m'octroyais le meilleur des choses pour mon bon plaisir. J'ai dû lasser beaucoup de personnes ? Cela a dû jouer en ma défaveur ? Je n'ai donc plus apporté ma pierre à l'édifice du cinéma mondial. La vedette que j'étais était partagée entre le monde du cinéma et la vie de femme et d'épouse. Mais la maladie m'a emporté. Aujourd'hui, on ne parle plus de mon rôle au sein de l'industrie mondiale du cinéma. Je ne vais pas me plaindre. D'autres actrices sont également passées par là. Pourtant, j'aurais pu faire autre chose de ma notoriété et par là, servir l'humanité toute entière. Je regrette aujourd'hui d'avoir eu si peu de considération pour les personnes que je côtoyais à l'époque. Je leur demande pardon. Cela étant dit, je ne peux pas rester sans bouger. C'est pourquoi, de l'autre côté, je sers la cause des défavorisés. La cause des gens dans le besoin et le désarroi. Je ne vais pas rester beaucoup plus longtemps car je vais aller rejoindre ces âmes que l'on entend arriver auprès de notre monde. Je vous remercie vraiment et vous autorise à publier ce message, de la part de madame Claudette Colbert. Au revoir à tous ceux de votre monde.

Pour un instant, ne regardez plus en avant mais en arrière. Toute cette époque où l'on pensait et où on agissait. Aujourd'hui, seul votre pouvoir d'achat compte… Ne restez pas passif et reprenez-vous. C'est ainsi que votre univers terrestre pourra se remettre en route.

Winston **Churchill** (chef d'état britannique)

La parole des enfants de Marie vaut tout aussi cher que la parole divine. Votre parole est tout aussi profonde que la nôtre. Alors, ne serait-il pas mieux de s'entendre plutôt que de s'ignorer ?

Clément 1er (pape)

Votre existence ne veut pas nous prendre en considération. Pourtant, nous vous parlons avec tellement de force et d'amour. Rien ne pourra nous rapprocher, si de votre côté, vous ne nous donnez jamais votre cœur terrestre. Alors recommençons et repartons d'un nouveau pas.

Luigi **Comencini** (réalisateur)

Ce trésor qu'est votre foi est véritablement un cadeau de notre père éternel. Celui-ci même que certains dénigrent ou refusent. Mais que serions-nous sans cette véritable foi ? Des mendiants célestes ?

Constantin 1er (empereur romain)

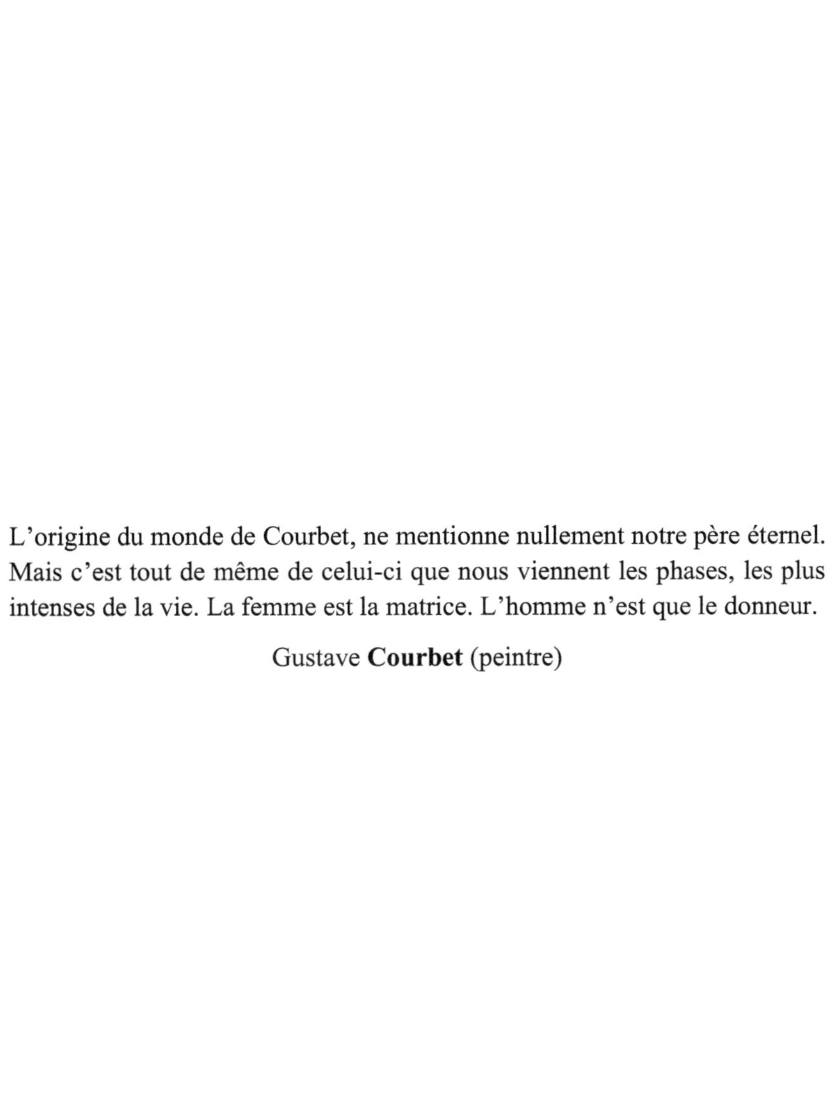

L’origine du monde de Courbet, ne mentionne nullement notre père éternel. Mais c’est tout de même de celui-ci que nous viennent les phases, les plus intenses de la vie. La femme est la matrice. L’homme n’est que le donneur.

Gustave **Courbet** (peintre)

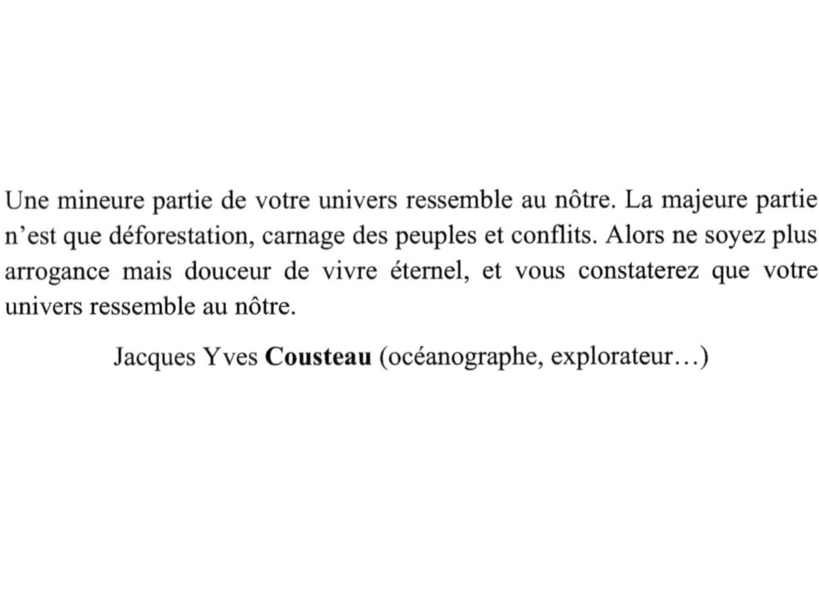

Une mineure partie de votre univers ressemble au nôtre. La majeure partie n'est que déforestation, carnage des peuples et conflits. Alors ne soyez plus arrogance mais douceur de vivre éternel, et vous constaterez que votre univers ressemble au nôtre.

Jacques Yves **Cousteau** (océanographe, explorateur…)

Michel Constantin

J'étais acteur sur terre. Aujourd'hui, je suis passeur d'âmes dans un univers d'amour. Pourquoi notre monde n'est-il pas plus proche du vôtre ? Parce que ce monde que vous vivez est si riche en sciences, qu'il en oublie le véritable sens de la vie. A savoir, l'amour céleste et divin. Je reste persuadé qu'un jour, tout rentrera dans l'ordre. Je veux dire qu'un jour, nous nous retrouverons sur les mêmes vibrations d'amour célestes et divines.

Je suis Michel Constantin, acteur et sportif accompli par tant de chances et de joies sur terre, que je le redonne dans cet univers.

La France. L'Europe. La terre. Le monde. Tous ces peuples vivants au sein de l'univers céleste, ne sont-ils pas l'espoir de notre père créateur ? Ne valent-ils pas mieux que ces faux-semblants qu'on leur prête ? Et leurs missions, ne sont-elles pas d'espérer le toucher ? Lui parler ? Lui remettre nos cœurs terrestres pour l'éternité ? L'être humain est le diamant du père créateur. Source éternel et universel d'amour.

Jacques **Crozemarie** (fondateur et président de l'ARC)

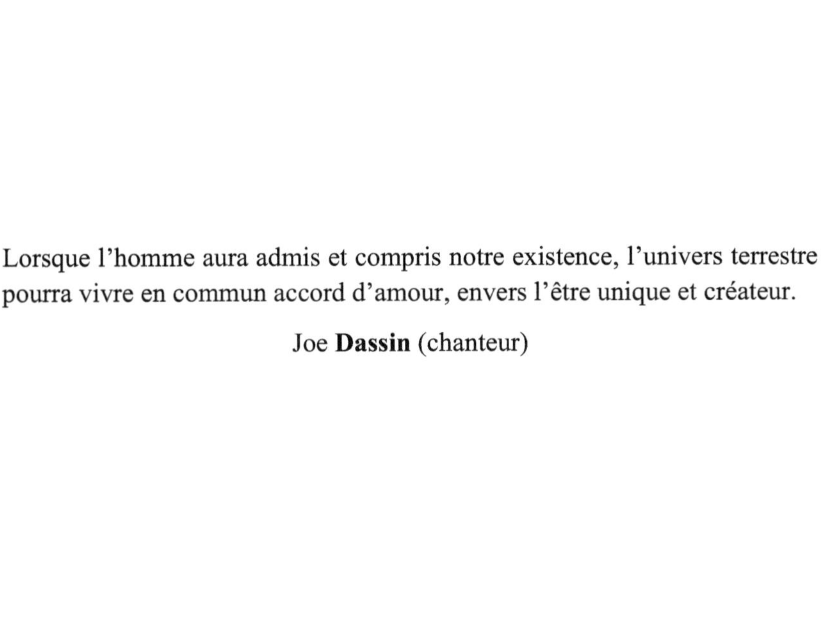

Lorsque l'homme aura admis et compris notre existence, l'univers terrestre pourra vivre en commun accord d'amour, envers l'être unique et créateur.

Joe **Dassin** (chanteur)

Vivre sans soucis, c'est formidable ! Pourtant, vous passeriez vraiment à côté de l'essentiel. Ce pourquoi, l'être humain est fait. A savoir, la réflexion. Le véritable sens de votre existence n'est pas d'être confortablement installé dans son fauteuil. La véritable expérience humaine est de se trouver.

Alexandre **Dumas** (écrivain)

La parole n'est pas forcément sacrée mais elle se doit d'être respectée. Si tout autour de nous, les paroles étaient respectées, elles pourraient nous entraîner vers un océan d'amour pour le bien de votre parcours terrestre et céleste.

Georges Edward **Edmund**, Duc de Kent (de la famille royale d'Angleterre)

L'envers du décor n'est pas spécialement bon ou mauvais. Tout dépendra de ce que vous voudrez voir, entendre et dire. L'envers du décor ne vaut que par votre espérance. Si celle-ci n'est pas ouverte à notre ciel, alors votre décor ne sera que misère et tristesse. Par contre, si celle-ci est profonde, douce et belle, alors il ne sera que beauté, fleurs épanouies et couleurs chatoyantes. Ce sera donc à vous de décider, de quoi sera fait votre univers céleste.

Duke **Ellington** (compositeur et musicien)

Le forgeron manie le fer. Le maraîcher transforme la terre en végétaux. Quant à notre Seigneur Jésus-Christ, son souhait aura été de voir l'homme devenir doux et aimant. Malheureusement, l'être humain trop fier pour admettre que son père créateur lui tend la main, s'est retrouvé à la merci du diable.

Pablo **Escobar** (trafiquant de cocaïne, colombien)

Gary Cooper

Je m'appelle Gary Cooper. J'ai toujours voulu être un bon comédien. C'est pourquoi, il m'a fallu travailler encore et encore pour réussir à gravir les marches du succès. Je ne suis pas mort pour rien. Aujourd'hui, je travaille avec les anges de la miséricorde pour sauver les pêcheurs de la vie terrestre. Je ne suis pas parfait. Je persévère pour trouver l'équilibre entre travailler pour les autres et faire évoluer mon âme. Trouver le parcours homogène depuis mon corps céleste, jusqu'au père éternel. Je voudrais tellement faire le bon choix que je m'exerce tout au long du temps céleste. Je ne vais pas vous mentir. Sur cette face cachée de l'univers, il m'aura fallu travailler très durement pour trouver ce parcours que l'on ne voit pas forcément tout de suite. Je sais maintenant que ce parcours vers notre père éternel est tortueux et peut être aussi dangereux. Mon parcours vers la lumière est tellement long à trouver, que mon âme s'est très souvent perdue dans les limbes de cet univers céleste. Attention, mesdames et messieurs, le parcours vers notre père éternel est long, tortueux et très souvent semé d'embûches. Ne vous perdez pas dans les limbes de votre univers. Pour vous remonter les bretelles, nous serons toujours auprès de vous. Pour nous dissuader de le faire, prouvez-nous que vos actes d'amour envers votre dieu tout-puissant sont là. Bons et emplis de force spirituelle. Je ne vais pas parler plus longtemps. Je dois continuer de m'exercer à trouver ce parcours.

Nos apparitions auprès de vous se sont déjà produites à plusieurs reprises. Le mont Sinaï, Lourdes, Fatima… Aujourd'hui, nous vous parlons au travers de votre foi. Nous n'apparaissons plus, pour la simple et bonne raison que vous ne nous regardez plus beaucoup. Votre matérialisme a pris le pas sur votre spiritualité. C'est dommage.

Ethan

Ne parlons pas d'innocence en l'état actuel des choses. Vous n'ignorez pas que votre terre meurt et pourtant, rien n'est encore fait pour la sauver. Rien ne pourrait plus la sauver que votre bienfaisance envers elle. Alors, ne fermez plus jamais les yeux et regardez-vous en face. Le seul recours pour elle, ne serait pas d'être à son écoute mais plutôt d'être à son chevet.

Fabien

La foi doit absolument prendre le pas sur vos peurs et vos doutes. Croyez en nous, comme nous croyons en vous. Comme un père voit son enfant grandir. Fièrement et en silence. Croyons en une terre plus belle et meilleure. Plus vos peurs et vos doutes prendront le pas sur cette mort et plus vous nous rejoindrez avec anxiété. La mort n'est pas souffrance. La mort n'est que délivrance.

Farinelli (castrat)

La question reste posée. Avez-vous compris et accepté notre univers céleste ? Ou continuez-vous à ne croire qu'en vous et en votre science terrestre ? Ne doutez plus de nous et avancez vers notre univers spirituel.

Gilbert du Motier de la **Fayette** (officier et homme politique français)

Soyez béni, vous qui croyez. La gloire de notre père créateur n'a d'égale que votre foi en lui.

Camille **Flammarion** (astronome)

La raison d'être au plus proche de nous est, et sera toujours pour votre avenir terrestre. Le plus fort d'entre vous, ne pourra jamais vous permettre de ressentir une force comme la nôtre. Alors, soyez constamment auprès de la spiritualité et non auprès de la matérialité.

Gustave **Flaubert** (romancier)

Dalida

J'ai chanté et dansé durant toute ma vie. J'ai été heureuse mais aussi tellement malheureuse, que je me suis donné la mort. Pourquoi ? Aujourd'hui, il m'arrive encore de me le demander. Dieu ne désire pas d'âmes suicidées car elles n'arrivent pas à trouver le repos éternel. Ma chanson la plus triste a été : « *Il venait d'avoir dix-huit ans, il était beau comme un enfant, fort comme un homme...* » J'ai aimé cette chanson mais elle m'a fait souffrir. Elle parlait du temps qui passe et ne revient jamais. Au début de ma carrière, je chantais l'amour perdu. Puis j'ai chanté l'amour vieillissant. Pour enfin chanter l'amour mort. J'ai toujours voulu chanter l'amour tout au long de ces étapes. Comment arriver à trouver le bonheur dans un monde si superficiel ? Je n'ai jamais compris ce monde. J'ai cherché le bonheur mais ne l'ai pas trouvé. Ce n'est pas facile d'aimer. Pensez à aimer. C'est la seule valeur qui vaille la peine que l'on se batte pour elle. Le reste n'est que foutaise.

Le regret aurait été de ne pas vous rencontrer… mais de vous replacer sur le bon chemin, est un plaisir.

Victor **Fleming** (réalisateur)

Lorsque Dieu nous touche de sa main, c'est tout l'univers qui se montre beau et fort. Lorsque l'homme vous touche de sa main, c'est pour vous montrer sa force de destruction.

Claude **François** (chanteur)

La force de caractère de notre père. La douceur et l'amour de notre mère. C'est ainsi que l'on peut définir votre cœur terrestre, envers notre père éternel. Force et douceur.

Sigmund **Freud** (neurologue et fondateur de la psychanalyse)

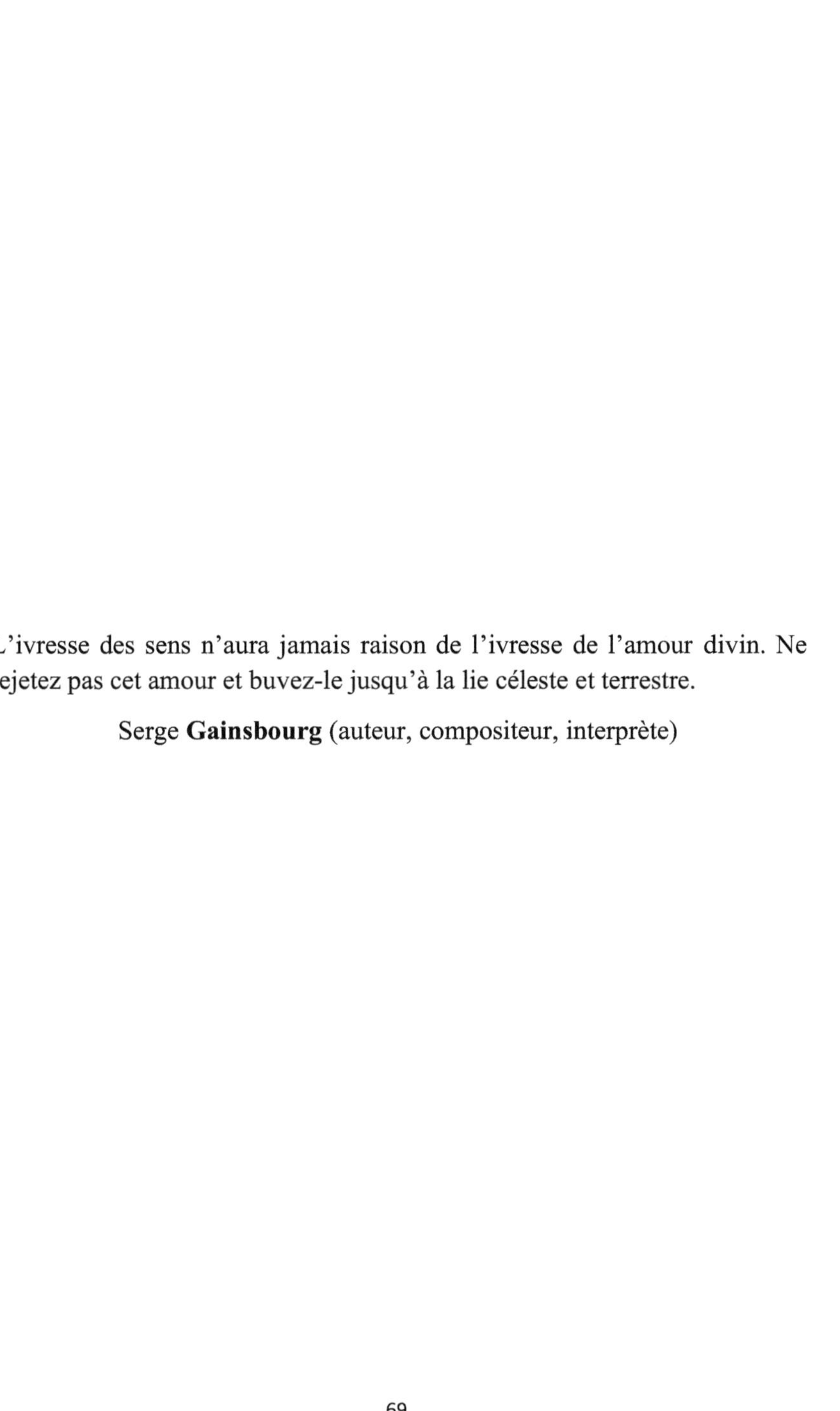

L'ivresse des sens n'aura jamais raison de l'ivresse de l'amour divin. Ne rejetez pas cet amour et buvez-le jusqu'à la lie céleste et terrestre.

Serge **Gainsbourg** (auteur, compositeur, interprète)

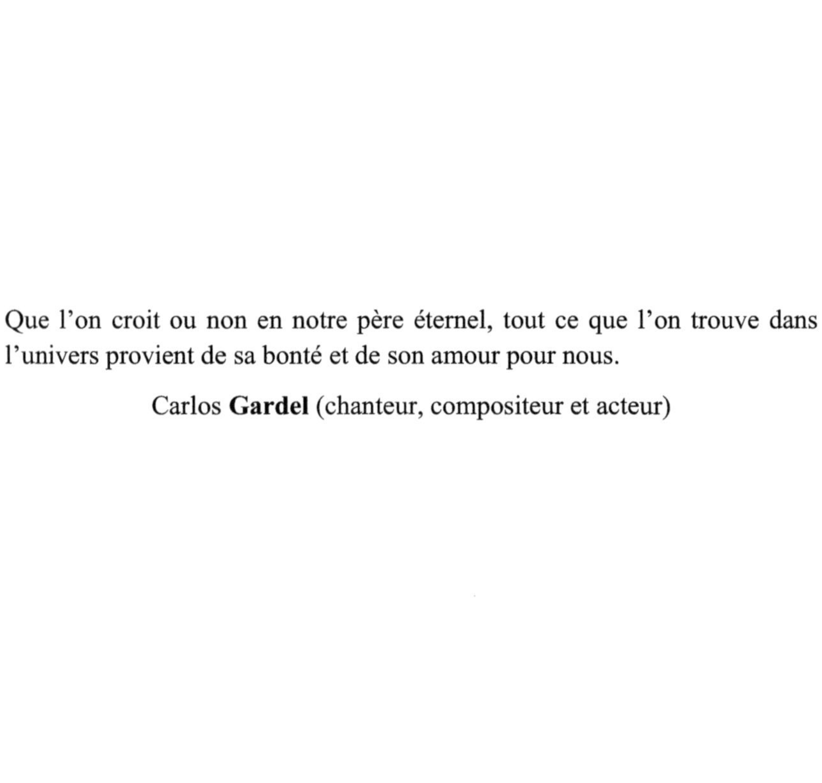

Que l'on croit ou non en notre père éternel, tout ce que l'on trouve dans l'univers provient de sa bonté et de son amour pour nous.

Carlos **Gardel** (chanteur, compositeur et acteur)

La terre, l'eau et le feu. Ce sont des éléments que notre univers céleste a créés, pour vous montrer toute l'étendue de notre savoir-faire. Pour vous montrer que seul, vous ne pourriez exister. Mais ensemble, à savoir votre cœur terrestre ainsi que nos cœurs et univers célestes, nous pourrions nous apporter tout un monde d'amour et de fraternité.

Gladys

Françoise Dolto

Votre vision de l'univers céleste n'est pas bonne. Pour votre compréhension, chaque civilisation, chaque dimension se doit de rester dans son univers. Ne vous demandez pas ce que l'on a contre votre façon d'aimer votre père éternel. Par contre, ne restez pas dans l'ignorance. Avancez ! Regardez ce que l'on met devant vous pour vous faire avancer spirituellement et vous faire aimer notre père éternel. Aujourd'hui vous ne nous croyez pas lorsque l'on vous met de beaux signes devant vos yeux. Lorsque l'on essaie de vous faire prendre conscience de la survivance des âmes. Mais pour nous croire, il vous faudrait déjà posséder plus de neurones qu'un ballon de football. Pour nous comprendre, il faudrait d'abord essayer de vous comprendre, vous. Ce n'est que par la connaissance de votre univers et par vos actes d'amour envers notre père éternel que vous avancerez.

Françoise Dolto, votre mère psychologue pour vous faire progresser au sein de l'univers céleste et terrestre.

La gloire de notre père créateur est, non seulement entre vos mains mais aussi en votre cœur et votre âme. Elle vous montre le chemin.

Gloria

L'automne n'est pas cette saison de vent et de pluie. L'hiver n'est pas la saison du froid. Le printemps, ce renouveau et cette floraison n'est pas forcément le début d'une nouvelle ère. L'été n'est pas forcément le début des festivités… Pour votre cœur terrestre et le nôtre céleste, toutes ces saisons s'appellent la vie. Cette existence que notre père créateur nous a mise entre nos mains et nos cœurs. Je m'appelle Vincent Van Gogh et je peins avec mon cœur ces tableaux.

Vincent Van **Gogh** (peintre)

Le feu est la force divine. L'eau est la gloire céleste. L'air est le socle de toute existence. Sans tous ces éléments divins, rien n'aurait pu arriver.

Grégoire 1er (pape)

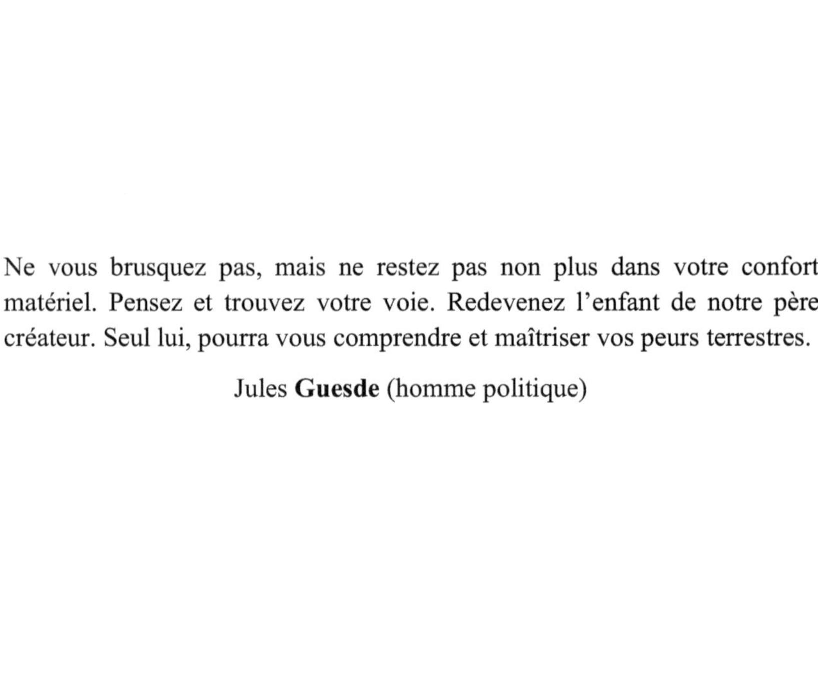

Ne vous brusquez pas, mais ne restez pas non plus dans votre confort matériel. Pensez et trouvez votre voie. Redevenez l'enfant de notre père créateur. Seul lui, pourra vous comprendre et maîtriser vos peurs terrestres.

Jules **Guesde** (homme politique)

Si tout cela n'était pas vrai. Pensez-vous réellement que l'on pourrait transmettre les messages de paix et d'amour de notre père créateur, dans la tête de certains d'entre vous ? Non ! Il faudrait juste de bons médecins pour les soigner. Or, ici ce n'est pas le cas. Au contraire. Ne soyez plus dans le doute d'une réalité externe à votre civilisation, et comprenez que tout ceci est réel, et non un fantasme de Terrien.

Gulliver

La sculpture est l'œuvre du sculpteur. La peinture, celle du peintre. La vie est l'œuvre de notre créateur. Sans lui, pas de musique. Pas de paysages et aucune statue n'ornerait vos décors, parcs et jardins. Alors, sachez le reconnaître. L'artiste universel est votre ami et tout à la fois, votre mère et votre père. Votre sœur et votre frère. C'est celui que l'on nomme, notre père éternel.

Rex **Harrison** (acteur)

Duke Ellington

Je suis Duke Ellington, musicien de jazz. J'ai été très doué pour faire de la belle musique mais très peu inspiré pour fonder une belle famille. J'ai négligé mes propres enfants pour faire de beaux morceaux de musique. Pourtant, ce n'est vraiment pas grand-chose que de jouer de la trompette, de la batterie ou du piano. Non, décidément, je n'ai vraiment pas été à la hauteur, en tant qu'homme sur cette terre.

La raison d'être là où nous sommes, est le résultat de milliards de chromosomes, enchevêtrés les uns aux autres. La raison d'être auprès de Dieu, est le seul résultat de son amour pour nous.

Stephen **Hawking** (physicien)

Mettre des mots sur des intentions, d'accord. Mais alors, faites-le en pleine conscience et sans blesser, même involontairement, votre frère, votre ami ou votre prochain. Ne continuez pas à vous monter, les uns contre les autres. Cela ne serait que du temps perdu. La lourdeur des mots terrestres n'est pas forcément méchanceté mais pourrait être provocation. Seules, les paroles allant contre l'univers pourraient être blessantes.

Jacques **Higelin (**auteur, compositeur, interprète)

La paresse, ce mot décrivant vos plus basses pensées et vous repoussant de nous. La sagesse, ce mot décrivant vos plus hautes pensées ainsi que vos hautes actions. Ces deux mots semblent très proches et pourtant ils vous séparent tellement…

Philémon **Horton** (18-08-1849/ 10-04-1850)

Lorsque cette peur d'être oublié de ses proches s'en va, la mort n'est plus que le passage, d'un état à un autre. D'une dimension à une autre. Tout ceci ne reste plus qu'un lointain et mauvais souvenir. C'est ainsi que notre père créateur veut vous voir. Non pas comme un être humain sombre, peureux et désemparé. Mais bel et bien comme un frère céleste. La gloire de notre père éternel est si belle, que rien ni personne ne pourra l'enlever de nos cœurs célestes et terrestres.

Victor **Hugo** (écrivain, dramaturge, poète…)

Cette force spirituelle que tout le monde a, mais que peu de gens utilise. Ne la négligez plus. C'est elle qui vous permettra de retrouver espoir et amour envers nous. Notre réunification ne se fera qu'au prix de la découverte, et non au prix de l'angoisse de la mort.

Hussein de Jordanie (roi)

La véritable force, est ce magnétisme entre nos civilisations, au moment de votre passage terrestre et céleste. Ce magnétisme cosmo-tellurique est universel, et vous le toucherez de votre âme, le moment venu.

Irénée de Lyon (évêque)

Suzanne Flon

Je suis Suzanne Flon, comédienne et actrice renommée sur terre. Avant toute chose, je voudrais dire que je vais bien. Ici, tout va pour le mieux. Aujourd'hui, je peux enfin choisir mes amis sans qu'on ne puisse en dire quelque chose. Déjà sur terre, je détestais retrouver des personnes étrangères à mon monde ouvrier du spectacle. Alors maintenant, ce n'est vraiment plus la peine de m'inciter à les fréquenter. Pourquoi rencontrer des personnes qui ne m'en donnent pas envie ? Je n'ai plus à m'ouvrir à des personnes étrangères à mon monde de saltimbanques. Je ne suis plus esclave de ces personnes viles et arrogantes Privilégiée ou non, je reste éperdument heureuse de ma vie passée sur terre. Je suis Suzanne Flon, emmerdeuse professionnelle.

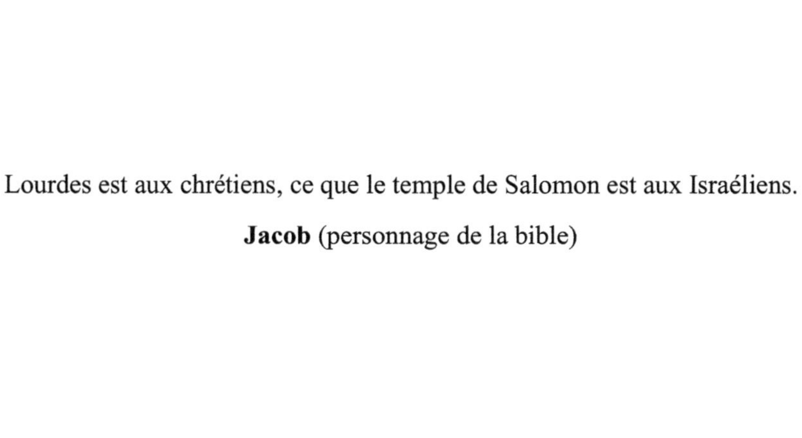

Lourdes est aux chrétiens, ce que le temple de Salomon est aux Israéliens.

Jacob (personnage de la bible)

L'orgueil, est le mot le plus vil de la création. Ne restez jamais sur votre position. N'oubliez pas que votre orgueil vous perdra, et mènera à la destruction de votre planète.

Saint **Jérôme** (moine)

Le fruit de notre père éternel, est l'amour inconditionnel et non la survivance du corps… Le véritable fléau n'est pas d'ordre terrestre mais plutôt céleste. Alors, soyez toujours très proche de la foi. Reprenez force et courage pour affronter cette peur, qu'est l'autre côté de l'univers. Votre cœur terrestre ne devra plus jamais se détourner de la foi, s'il veut reprendre le cours de son existence, au jardin de mon père.

Jésus (Christ)

L'éclosion céleste n'est pas encore arrivée. Lorsque votre terre aura compris tout ce qu'elle peut atteindre et toucher de sa main, alors cette éclosion apparaîtra. Alors, comme nous lors de nos décorporations, vous serez face à vous-même et surtout face-à-face avec notre père créateur.

Lucien **Jeunesse** (animateur radio, acteur et chanteur)

La réforme céleste et universelle ne pourra se réaliser sans vous. Alors, apprenez à nous reconnaître, dans tous les instants de votre vie terrestre. Vous vibrerez au son des voix angéliques et vous danserez au rythme des battements de votre foi. Ne résistez pas aux chants angéliques. Ceux-ci vous rappellent que notre père créateur vous demande de nous réunir. Ensemble soyons plus forts et plus heureux.

Joseph (père de Jésus)

La raison ne vous laissera pas croire en notre monde et en nos univers. Mais la folie serait de ne pas essayer. Notre père créateur est universel et vous attend avec cet amour.

John Fitzgerald **Kennedy** (chef d'état)

Victor French

J'ai joué dans de nombreuses séries télé américaine des années 80. Avec entre autres, Michael Landon. Je suis Victor French. Toute ma vie j'ai voulu aider. Cela étant, je n'ai pas réussi à faire tout ce que j'aurais aimé faire. Aujourd'hui, me voilà de l'autre côté du miroir. Nous sommes aussi vivants que vous. Ne croyez surtout pas que nous allons vous faire peur, en agitant des chaînes ou quelque chose de ce genre. N'attendez pas de nous quelconques artifices pour vous donner un peu d'adrénaline. Notre monde est réel et bien vivant. Apprenez à nous associer à votre monde et non pas à nous apparenter à des fantômes, qui apparaîtraient pour vous faire peur.

La vérité, n'est pas en l'homme. Elle provient du père créateur et entre en l'être humain, comme on entre en religion. Cette vérité n'est pas faite pour détruire mais pour instruire l'homme.

Martin Luther **King** (pasteur)

La leçon d'aujourd'hui se compose en trois phases :

1/ : Pourquoi nous renier, alors que nous existons bel et bien ? Avant que de se prononcer sur notre non-existence, il faudrait tout d'abord définir ce que nous étions avant notre incarnation, et ce que devenons-vous après ?

2/ : Les preuves matérielles dont vous souhaiteriez avoir, pour vous montrer que tout ceci n'est pas le fruit d'une imagination trop envahissante, ne seront pas de votre univers terrestre.

3/ : L'incompréhension mène très souvent à la haine de l'autre ? Alors que la compréhension amène très souvent à l'acceptation.

Conclusion : L'acceptation des croyances célestes, ne vous sera que bénéfique, pour la réalisation d'un monde meilleur et universel.

Lao Tseu (sage chinois)

Accueillez-nous au sein de votre vie, comme nous vous accueillons au sein de la nôtre. L'eau, l'air, la nature et les animaux feront partie intégrante de votre vie future à nos côtés. Alors, n'ayez pas peur. Vous nous retrouverez avec l'espoir de n'être pas partie trop longtemps de chez vous.

Auguste **Lebrun** (homme politique)

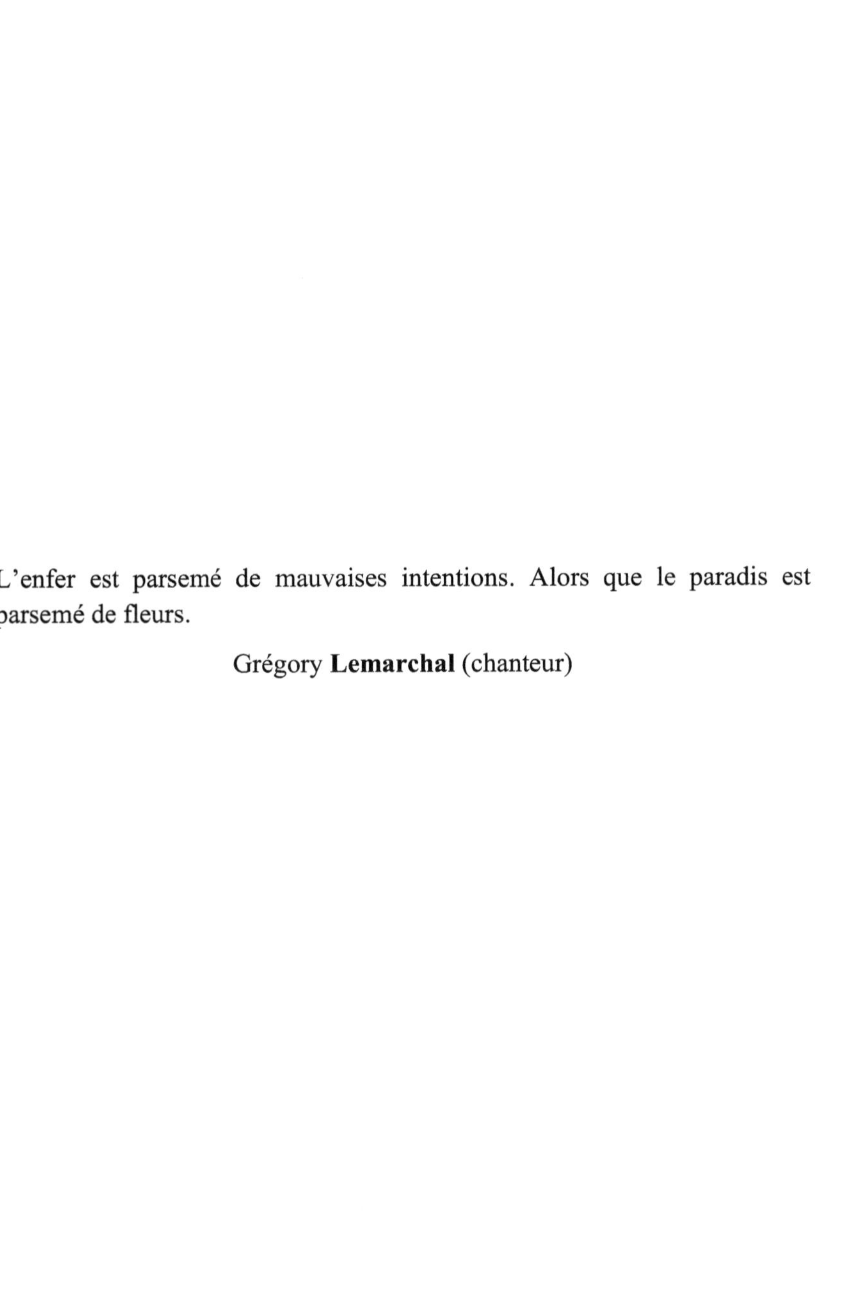

L'enfer est parsemé de mauvaises intentions. Alors que le paradis est parsemé de fleurs.

Grégory **Lemarchal** (chanteur)

Vous n'avez jamais eu la moindre compassion pour la mort de notre Christ. Alors, pourquoi recevoir son amour, me direz-vous ? Tout simplement parce que son cœur *« feu éternel »* brûle pour votre cœur terrestre. Son corps a été meurtri pour racheter vos erreurs. Aujourd'hui, son âme se donne pour votre avenir céleste. Retrouvez-le et imaginez-le, vous serrant dans ses bras. Aujourd'hui, votre Seigneur Jésus-Christ vous demande d'être véritablement au plus proche de la foi, et votre avenir céleste se verra illuminé de tout son amour pour vous, terriens.

Léopold II (roi belge)

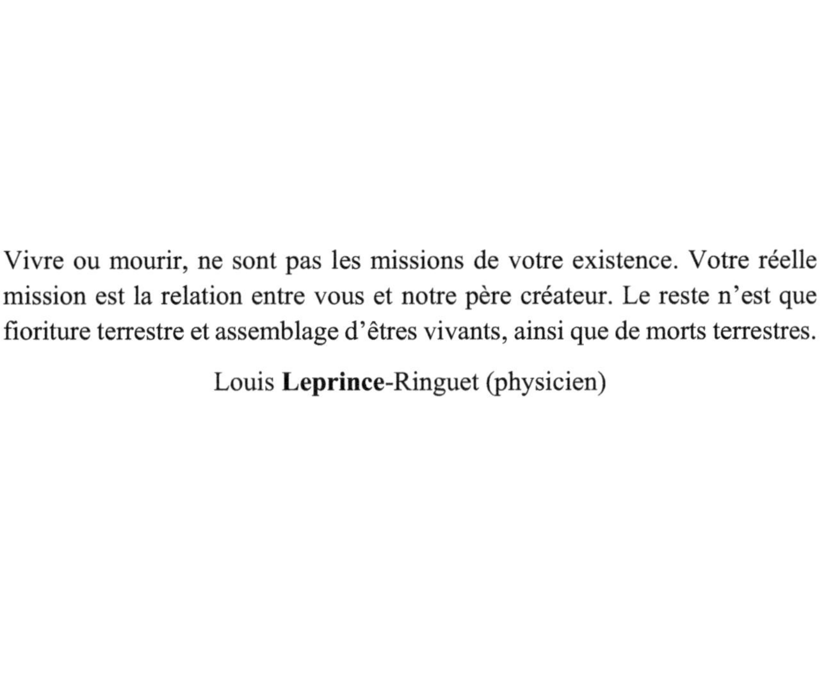

Vivre ou mourir, ne sont pas les missions de votre existence. Votre réelle mission est la relation entre vous et notre père créateur. Le reste n'est que fioriture terrestre et assemblage d'êtres vivants, ainsi que de morts terrestres.

Louis **Leprince**-Ringuet (physicien)

Maurice Herzog

J'ai fait beaucoup d'ascensions dans ma vie, mais aujourd'hui je gravis la plus haute montagne. La montagne de l'amour. Approchons de la vérité. Redevenons semblables et nos histoires connaîtront l'amour. Ayez en vous cette grâce divine. Soyez toujours à l'écoute.

L'envers de votre vie est votre mort. Mais celle-ci n'est nullement redoutable comme vous pourriez l'imaginer. La mort n'est qu'un passage de témoin entre vous et nous. Ne restez pas sur l'image que vos siècles passés en ont fait. Ne la regardez plus comme un froid moment, mais plutôt comme un doux moment de tendresse et d'amour, de nous et de lui (Dieu).

Harold **Lloyd** (acteur)

L'incroyable c'est l'imagination. Le réel c'est la vie. Votre force n'est pas d'allier les deux. Votre force est de séparer l'un et l'autre et d'en faire une grâce divine.

Lorenzo

L'essentiel dans cette vie n'est pas de trouver le bon parcours professionnel, mais le chemin qui vous mènera vers le bonheur céleste et terrestre. Alors, ne restez jamais de marbre face à votre destin céleste. Choyez-le. Aimez-le, et vous verrez que votre parcours pourrait bien être différent, de celui auquel vous pensiez.

Louis XIV (roi français)

La *« visitation »*, cet instant où le père créateur s'introduit en chacun de nous. Cette étape de la réincarnation ne doit pas d'être bafouée par votre ignorance. Au contraire, prenez-en pleinement conscience et l'on pourra tous ensemble, ressentir notre âme incarnée dans un corps terrestre.

Martin **Luther** (frère augustin)

Pourquoi vouloir tout codifier, tout comprendre, tout apprendre ? Ce n'est pas forcément audacieux de votre part, que de vous prendre pour notre père éternel. Je vous dis donc, que de vouloir raison et compréhension, peut parfois nous perdre.

Maître ascensionné

La délivrance viendra, lorsque vous aurez enfin compris que prier ne sert pas à grand-chose sans la foi. Sachez reconnaître cette foi que notre père éternel, vous donne. Apprivoisez-là et remettez-là au centre de vos préoccupations. Alors, la délivrance sera en vous.

Miriam **Makeba** (chanteuse, militante politique)

Albert Jacquard

Entendez ma voix. Entendez mon discours. Remémorez-vous que l'être humain a besoin d'amour. Peut-on donner aux autres, si nous ne savons pas aimer ? Pensez à ceux qui tomberont au cours de leur vie. Prenez-leur la main et aidez-les à se relever. Croyons en la force de l'amour. Elle seule nous aidera à vivre. Je suis persuadé que l'homme n'est pas aussi suffisant. J'imagine que tout un chacun sait ce que le mot amour amène aux autres.

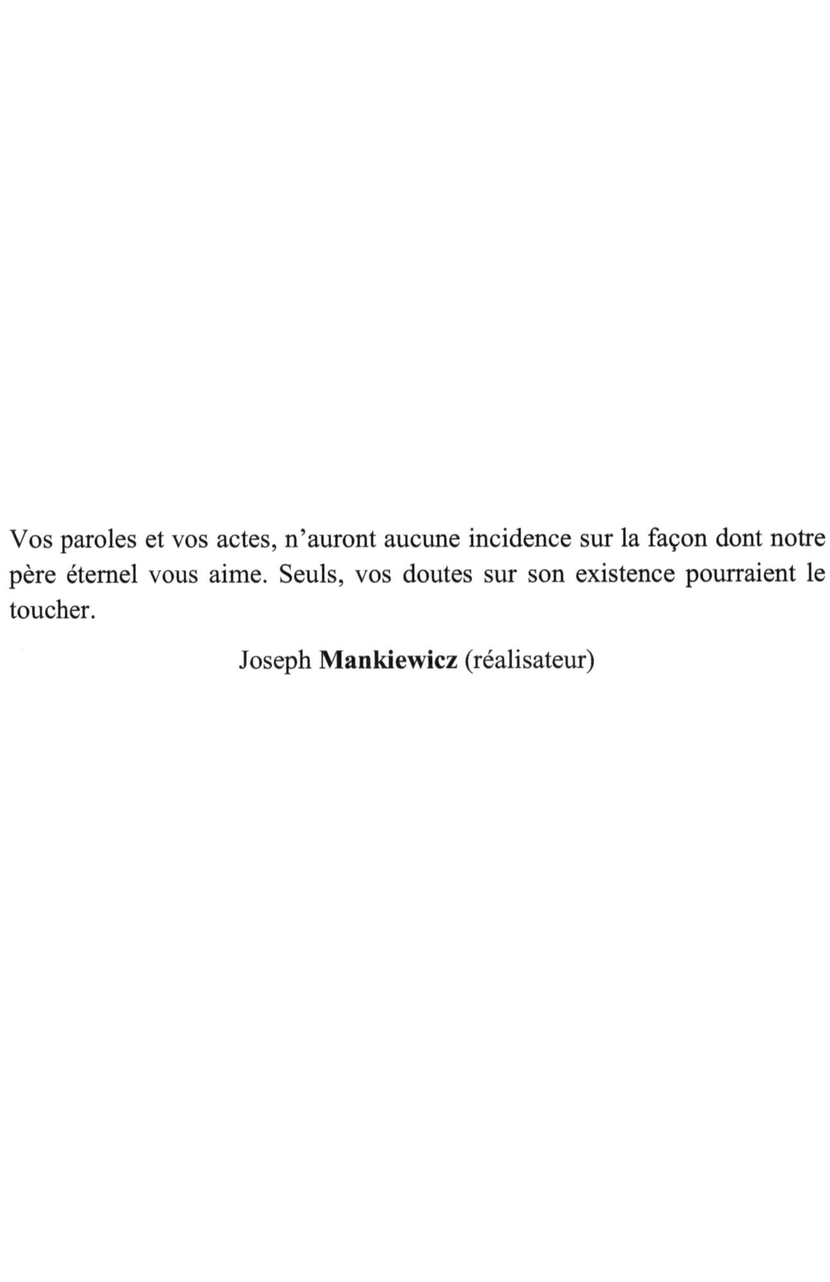

Vos paroles et vos actes, n'auront aucune incidence sur la façon dont notre père éternel vous aime. Seuls, vos doutes sur son existence pourraient le toucher.

Joseph **Mankiewicz** (réalisateur)

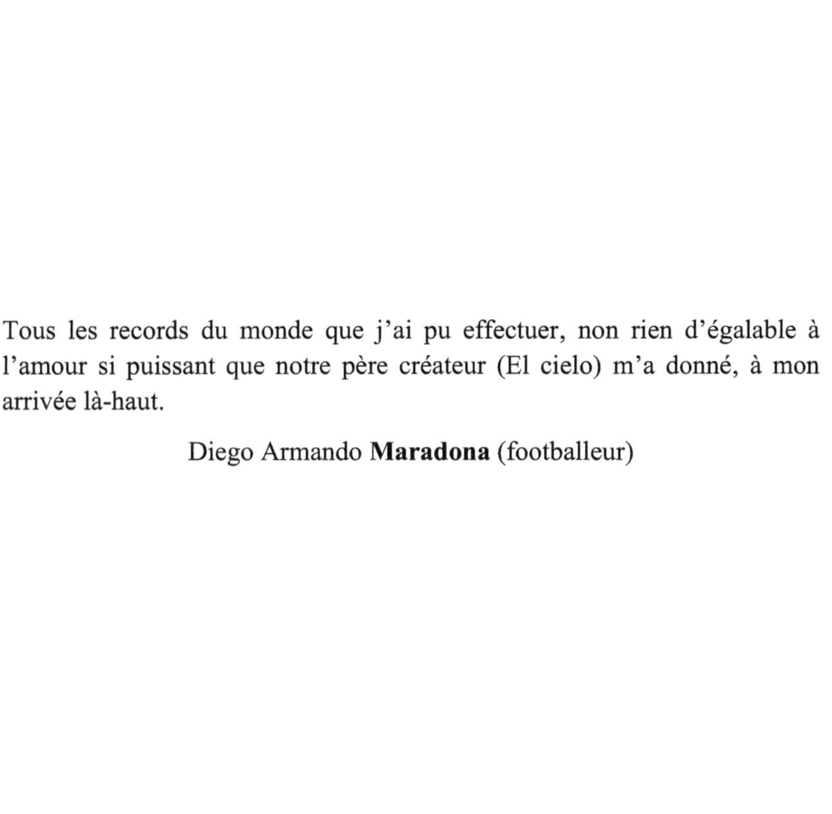

Tous les records du monde que j'ai pu effectuer, non rien d'égalable à l'amour si puissant que notre père créateur (El cielo) m'a donné, à mon arrivée là-haut.

Diego Armando **Maradona** (footballeur)

La rose qui fleurit au jardin des oliviers, est le pardon de notre seigneur Jésus-Christ.

Etienne **Marcel** (homme politique)

Qu'ai-je fait de mon enfance céleste et terrestre ?

Marie (mère de Jésus)

L’art christique est noble. C’est pour cela que nous vous le donnons. Pour être pur de cœur, et pour être au plus proche de notre père créateur.

Marie Madeleine (disciple de Jésus)

L'être humain ne croit pas en nous. Par contre, il sait que Dieu est mort.

Groucho **Marx** (acteur)

Marylin Monroe

Je suis Marylin Monroe. J'ai été une artiste très appréciée sur terre. Je regrette une chose. Ne pas avoir eu une vie normale de femme mariée. Jamais je ne pensais faire une carrière aussi éblouissante que cela. Je voulais simplement faire du cinéma mais la vie m'a donné autre chose. Elle a été généreuse. J'ai été une célébrité connue à travers la terre entière. J'ai été stupide de croire que cette célébrité me servirait de garde-fou, pour ne pas tomber dans la misère et dans la détresse. J'ai été très stupide de croire que je m'en sortirais seule sur cette terre. Je n'ai jamais voulu terminer comme cela. J'ai été transformé par la vie de star. Je ne savais pas quoi faire pour que cela s'arrête, sans causer de problèmes à mon entourage proche. Je voulais simplement vivre une vie de femme mariée et avoir des enfants... que je n'ai jamais eu. Aujourd'hui, je m'occupe d'enfants de l'autre côté.

Je n'irais pas là, où se trouvera ma peur d'être mortel. J'irai là, où je sais que mon cœur terrestre battra pour mon père éternel. Je sais que celui-ci sera toujours mon sauveur. Mon père créateur est mon berger et je suis son doux message. Son corps immatériel nous veut du bien, et c'est par son amour que mon existence vaut tout l'or terrestre.

James **Mason** (acteur)

L'encens et la myrrhe, sont deux des ingrédients que les rois mages ont apportés au seigneur, lors de sa naissance. A ton tour de lui offrir ton amour, sous la forme que tu le désires. Tu le chériras de tout ton cœur. Alors la foi se propagera en ton âme, ainsi qu'en ton corps terrestre. Va et n'oublie jamais ce que l'on vient de se dire.

Saint **Mathieu** (personnage biblique)

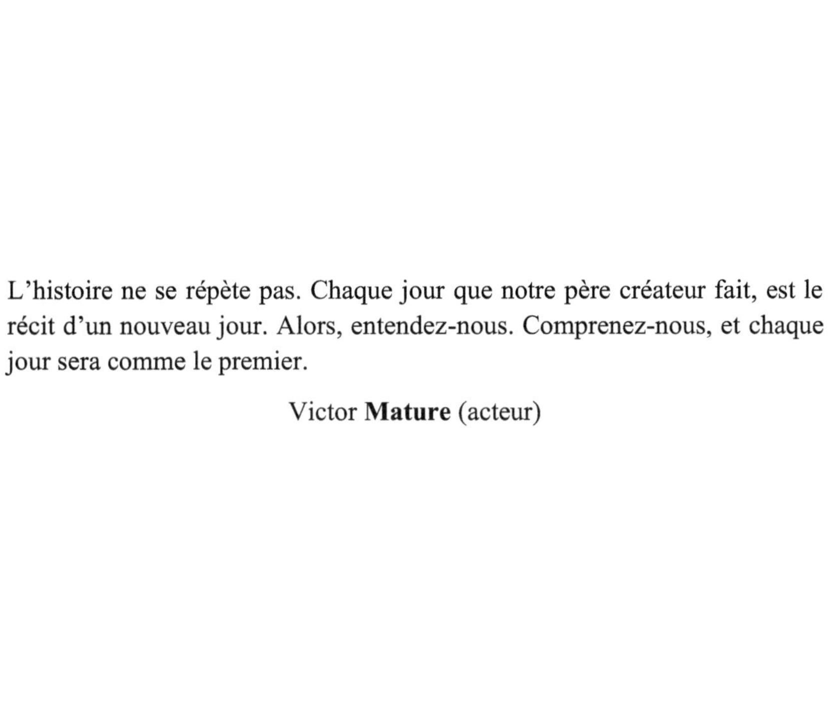

L'histoire ne se répète pas. Chaque jour que notre père créateur fait, est le récit d'un nouveau jour. Alors, entendez-nous. Comprenez-nous, et chaque jour sera comme le premier.

Victor **Mature** (acteur)

L'aube de l'humanité, n'a pas été forcément la chose la plus importante que notre père éternel ait faite. Ne regardez pas systématiquement en arrière. Mais aussi en avant. Le passé est histoire. Alors que, continuer ou non d'exister sera l'avenir.

Daphné du **Maurier** (romancière)

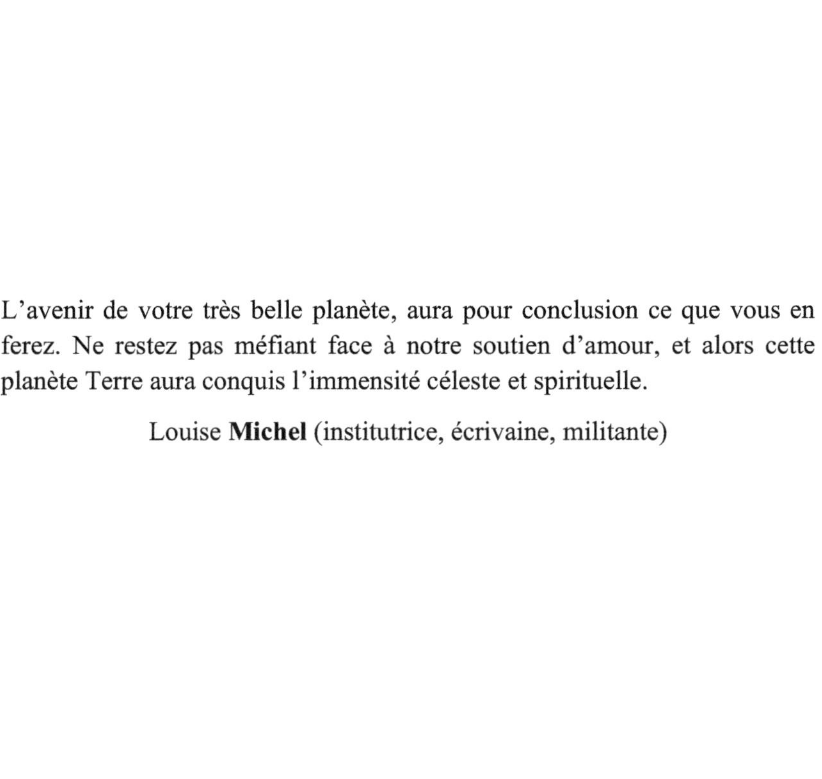

L'avenir de votre très belle planète, aura pour conclusion ce que vous en ferez. Ne restez pas méfiant face à notre soutien d'amour, et alors cette planète Terre aura conquis l'immensité céleste et spirituelle.

Louise **Michel** (institutrice, écrivaine, militante)

L'âme, la rose, le pardon et l'acceptation de l'autre, sont à l'univers ses créations parfaites. Horizons célestes, vous resterez ma perfection et mon aboutissement spirituel.

Moïse (prophète)

Oscar Peterson

Je suis Oscar Peterson, pianiste de jazz. J'aimais être sur scène. C'était pour moi un exutoire à ma vie solitaire et désemparée, mais il fallait que je sois toujours au top sinon, je nourrissais des fantômes agonisants dans ma tête. Jamais je n'aurais imaginé devenir si célèbre. J'aimais jouer du piano, tout simplement. Maintenant, je joue encore. La lumière divine me donne plus d'amour que le public n'a pu m'en fournir. Autrefois, il y avait la drogue pour me faciliter la vie. Aujourd'hui, je n'ai plus besoin de tous ces artifices pour jouir du bonheur divin. Je suis aimé, voilà tout. Si vous saviez comme Dieu aime ses enfants. Personne ne peut imaginer comme l'amour divin est beau. Imaginez un milliard d'amours qui vous prennent entre leurs bras et vous serrent jusqu'à en mourir. C'est ça l'amour céleste. Le bonheur de vivre auprès de Dieu n'a d'égal que lui-même.

Lorsque tout sera compris, votre fidélité à notre royaume sera entière et sincère… Pas avant cela.

Lord **Mountbatten** (amiral et homme d'état britannique)

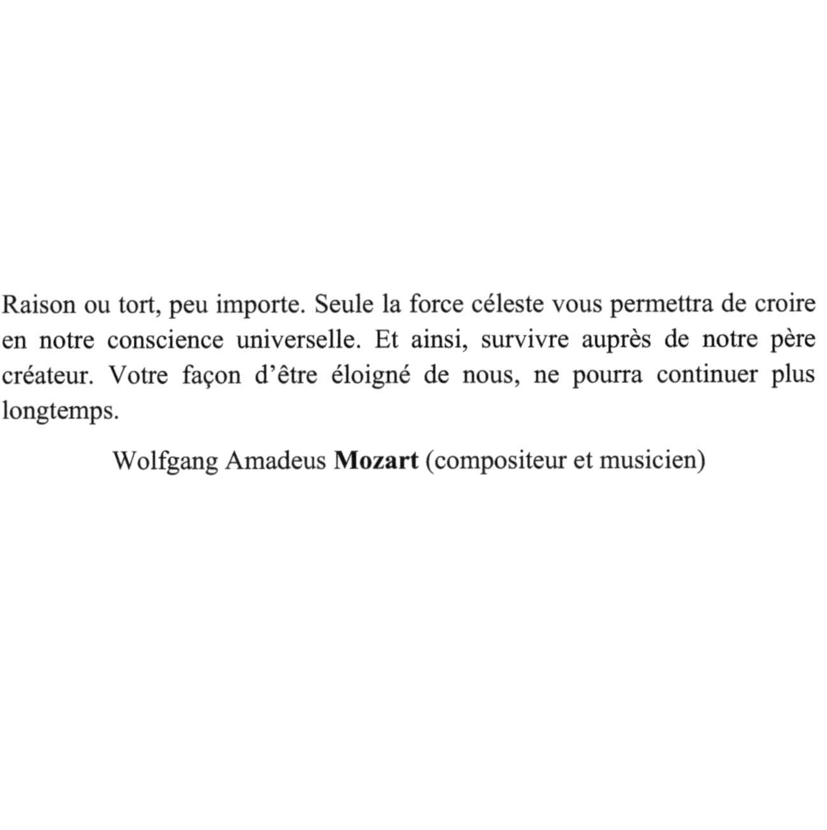

Raison ou tort, peu importe. Seule la force céleste vous permettra de croire en notre conscience universelle. Et ainsi, survivre auprès de notre père créateur. Votre façon d'être éloigné de nous, ne pourra continuer plus longtemps.

Wolfgang Amadeus **Mozart** (compositeur et musicien)

La différence entre votre univers et le nôtre, n'est pas d'ordre métaphysique mais métapsychique. Le jour où vous aurez compris cela, nous vous ornerons de fleurs et de couronnes de laurier.

Le baron de **Münchhausen** (officier et mercenaire de l'armée russe)

Lorsque votre cœur terrestre aura cessé de battre. Nous rejoindre ne sera pas facile, aussi longtemps que celui-ci ne nous aura pas accepté comme frère céleste. Lorsque tout cela sera terminé, nous compterons-vous par dizaines ou par millions ?

Gérard de **Nerval** (écrivain et poète)

La raison d'être sur votre terre, n'est pas d'ordre matériel mais bel et bien d'ordre céleste et spirituel.

Oliver

Je ne peux me résoudre à croire que votre cœur terrestre ne pourrait comprendre et apprendre de nous. Alors restons ensemble pour l'éternité, et bravons la peur de cette mort.

Orion

Alain Poher

Je suis Alain Poher. J'étais en politique. Aujourd'hui, je suis une âme sensiblement différente des autres âmes. Je suis en partie avec Marie, en partie avec les êtres humains. Je reçois les nouvelles âmes. Je suis en charge de les transférer entre le monde des vivants et le nôtre. Pour moi, c'est assez distrayant car je m'amuse à le faire. Pour d'autres, cela pourrait être pénible car il y a énormément de travail. Vos âmes ne cessent continuellement d'arriver. Pourquoi recevoir ces âmes ? Simplement pour leur montrer le chemin vers Dieu, notre père céleste. Bien à vous.

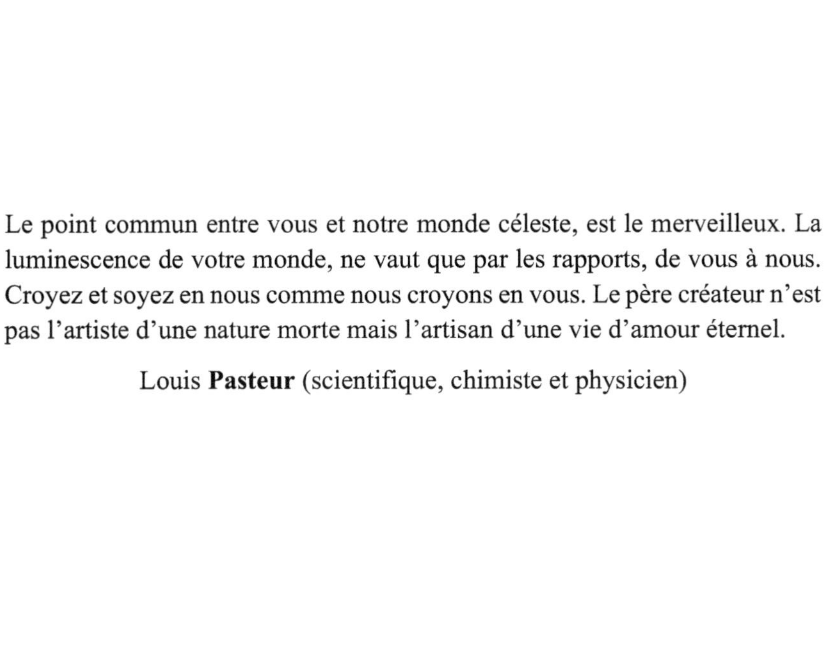

Le point commun entre vous et notre monde céleste, est le merveilleux. La luminescence de votre monde, ne vaut que par les rapports, de vous à nous. Croyez et soyez en nous comme nous croyons en vous. Le père créateur n'est pas l'artiste d'une nature morte mais l'artisan d'une vie d'amour éternel.

Louis **Pasteur** (scientifique, chimiste et physicien)

Venir vers nous n'est pas forcément vous éloigner de votre terre. C'est nous retrouver sur des vibrations d'amour célestes et universel. Ce sera uniquement ainsi que vous pourrez nous témoigner votre attachement.

Périclès (stratège, orateur et homme d'état athénien)

Vivre ou mourir, qu'importe. Seul, l'instant présent est important. Ressentez chaque instant de votre parcours terrestre comme une grâce, de notre père éternel. Seul son amour pour vous sera toujours là. Pour votre corps terrestre et céleste, ainsi que pour votre foi.

Philémon (poète)

Libre à vous de ne pas croire. Mais que la vie vous paraîtrait-elle belle si vous pouviez la voir avec d'autres yeux. Je ne pourrais rassembler personne sans votre consentement. C'est pour cela qu'il me faudra parler encore et toujours plus à votre cœur terrestre, ainsi qu'à votre foi.

Edith **Piaf** (chanteuse)

La vérité céleste n'est pas l'envers du mensonge. La vérité céleste est tout autre chose. Elle descend de notre père éternel, pour entrer jusque dans nos cœurs. C'est cette vérité-là que nous promulguons et aucune autre. L'enfer quant à lui, n'existe que dans vos cœurs aigris et sombres. Ces cœurs qui ne veulent aimer… Alors n'espérez jamais être heureux si tout au long de votre expérience terrestre, rien ne vous aura fait bouger, pleurer, rire, aimer et souffrir. Si rien ne bouge dans votre cœur, alors rien ne changera jamais. Vous resterez dans le mensonge céleste.

Pierre 1er (tsar de Russie)

L'histoire de votre planète, n'aura pas été spécialement des plus drôles ou des plus belles. C'est pourtant la vôtre. La nôtre n'est pas non plus des plus grandes, mais c'est la nôtre. L'histoire n'est pas obligatoirement inscrite au plus profond de l'univers terrestre ou céleste, mais c'est toujours avec force et amour qu'elle se doit d'être acceptée. L'histoire terrestre ou céleste est la vie de nos semblables, ainsi que la nôtre. Et cette vie se doit d'être vécue et acceptée comme notre père créateur le désire. Non pas avec anxiété mais avec amour et force universelle.

Ponce **Pilate** (citoyen romain)

Ronald Reagan

Mon nom est Ronald Reagan. J'ai été président des Etats Unis d'Amérique entre les années quatre-vingt et quatre-vingt-dix. Je n'ai jamais souhaité entrer dans le mensonge politique. Mais lorsque l'on est à la tête du plus puissant pays du monde, le mensonge est indissociable de la fonction de président. Je ne regrette aucun de mes choix. Cela étant, je pense que j'aurais pu faire plus et mieux que ce que ma fonction m'a permis de faire. Aujourd'hui, je vis paisiblement de l'autre côté. Je n'aurais jamais plus la possibilité de revenir sur terre. À présent que je me suis exprimé, je m'en retourne d'où je viens. Au revoir.

Votre force est de vous affronter pour vous connaître. Notre force est de nous aimer pour évoluer. Serions-nous les mêmes sans l'éternel amour de notre père créateur ? Sa force engendre parfois la foudre et son amour énormément de remises en question. L'ordre établi de notre père éternel n'existe que par votre foi en lui. Seuls, seront tous ceux que cet ordre n'aura jamais touché. Alors, ne contemplez plus le monstre que vous avez créé. Ce monstre plein de terreurs et d'ignorances. Ne regardez plus la bête ignoble remplie de terreurs et de blessures humaines. Ne regardez plus jamais derrière vous mais constamment devant. Ne cessez de lui sourire. Croyez en lui comme il croit en vous. Plus vous lui montrerez votre sourire et moins votre parcours de souffrance existera. C'est à ce moment-là que vous pourrez créer un nouveau visage. Celui-ci ne sera plus haineux mais bel et bien fait de paix et de joies célestes.

Platon (philosophe)

L'or, l'encens, le cuivre, la myrrhe... Ne contemplez plus jamais tous ces soi-disant trésors. Toutes ces choses que l'on trouve sur votre terre, ne sont pas l'essentiel de votre maison, Terre. Regardez la beauté d'un envol d'oiseau. Regardez la fierté d'une mère découvrant le visage de son nourrisson. Regardez la fleur qui éclot au jardin. Regardez la clarté d'un ciel après un orage d'été. Votre richesse n'est pas matérielle mais bien spirituelle.

Quentin

La vitrine céleste, n'est pas forcément l'au-delà. Elle peut être tout aussi bien ces instants où l'on vient au creux de vos rêves. Elle peut être également ces moments où l'on vous écoute nous parler, pour nous demander d'être proches de votre corps et de votre âme.

André **Raimbourg** dit Bourvil (acteur)

Pourquoi ne pas vouloir redescendre un peu de votre piédestal ? Votre arrogance ne vous apportera que le mécontentement, au jour de votre retour à la maison. Alors, reprenez-vous en main et redescendez un peu de votre hauteur. Vos sarcasmes envers notre père éternel vous perdront.

Raphaël (ange)

La parole divine, ne vaut-elle pas que l'on se comporte comme une personne aimante et non, méfiante ?

Richard III **(**roi d'Angleterre)

Les 12 travaux d'Héraclès ne sont pas forcément les meilleurs. Ce sont certes les plus forts mais non les plus beaux. Seul, le travail accompli pour notre père éternel est, et restera le plus majestueux. Le reste est très bien effectué mais il n'est que pour l'être humain. Seuls comptent les travaux effectués et fournis pour l'ordre céleste.

Théodore **Roosevelt** (chef d'état)

Victorien Sardou

Je suis Victorien Sardou, philosophe et homme politique français. J'étais très en avance sur mon temps. Aujourd'hui, je réalise qu'il m'est arrivé de faire du mal aux personnes qui vivaient près de moi. Je n'avais pourtant pas envie de blesser qui que ce soit. À présent, je vis comme j'aurais toujours dû le faire. A savoir près de la source éternelle. J'aspire à entrevoir un passage entre deux mondes. Le vôtre et le nôtre. Obéissez aux ordres divins. N'essayez pas de faire tout de vous-même. Remettez votre âme à votre père céleste et laissez-vous guider. L'amour céleste est délicat. Il ne peut s'obtenir par la force. Il faut le mériter. L'amour céleste ne s'achète pas. Il s'obtient par obéissance envers le père céleste. Alors, si vous ne donnez pas aux autres, vous n'obtiendrez pas non plus. Imaginez un banc public. Si vous l'occupez seul, vous n'obtiendrez rien des autres qui voudraient s'y asseoir mais qui ne pourraient pas. Aucunes places ne leur étant données. Maintenant, si vous partagez ce banc, alors vous obtiendrez des autres lorsque vous aurez besoin d'eux. Retenez ce message. Le partage est bon pour l'homme. N'oubliez jamais cela.

La mort n'est pas un endroit froid et désert, au moment du trépas. Non ! Cette mort que vous redoutez tant est le merveilleux endroit où poussent marguerites et coquelicots. Fleurs et douceur de vivre sont les mots que je veux donner à ce lieu.

Edmond **Rostand** (écrivain, dramaturge et poète)

La route est longue avant de pouvoir entrer au paradis. Combien de pèlerins ont essayé de forcer sa porte ? Combien de malfaisants ont voulu y pénétrer ? Non par la grâce et par le respect de notre père créateur mais par la force. Voilà pourquoi, vous devez être irréprochable pour pouvoir y pénétrer. Et non vous croire absolument comme faisant partie intégrante de cet immense univers paradisiaque. Pour y entrer, ne croyez plus en lui comme en quelqu'un que l'on aime de par sa puissance. Mais plutôt comme quelqu'un que l'on aime de par sa beauté et sa force créatrice. De cette croyance, viendra l'ouverture des portes du paradis.

Siméon (saint)

La prose, cette forme de poésie est tout aussi belle et élégante que la rime. Alors, acceptez d'être cette prose, face à la rime angélique. Notre père éternel sera tout aussi charmé par vous que par ses anges.

Stendhal (écrivain)

Nous ne pourrons jamais défier le mal, comme le mal nous défie à chaque instant.

Stéphane

La rose, cette douce fleur peut-elle vous piquer ? Bien évidemment ! Par contre, elle ne vous trompera jamais. Alors que l'être humain pourrait le faire, en se faisant passer pour ce qu'il ne serait pas. Alors, qui de cette fleur ou de l'homme est le plus dangereux ? Celui qui est ? Ou celui qui prétend être ?

Gloria **Swanson** (actrice)

Pourquoi ne pas vouloir croire en nous ? Pourquoi ne pas vous dire que nous sommes peut-être bien de l'autre côté de votre univers ? Pourquoi essayer indéniablement de démanteler tout ce que nous essayons de vous procurer : amour céleste, joies et passion de notre père éternel. La vie ne serait que plus grande si une bonne fois pour toutes, vous nous acceptiez auprès de votre cœur terrestre. La mandragore éclot au soleil et vous le feriez tout aussi bien à notre lumière et celle de notre père créateur.

Sylvain

Georges Simenon

Je m'appelle Georges Simenon. Père éternel du commissaire Maigret. J’ai écrit tant de Maigret que je ne sais pas si mon nom est Simenon ou Maigret. Mon œuvre a été publié en plusieurs langues. Je peux aujourd'hui me targuer d'avoir participé à la connaissance de notre beau pays qu'est la France, en ramenant des fidèles lecteurs étrangers vers notre capitale. Vers cette France qu'est mon pays. J'aime ce pays de France pour l'avoir parcouru de long en large. Mon enfance m'a donné tant de joies. Tant de douleurs également. En perdant mon père assez tôt. En espérant rendre la monnaie de sa pièce à ma mère, tellement généreuse avec moi. Au fond, je mesure le parcours depuis cette enfance malheureuse mais ô combien enrichissante. Aujourd’hui, je mesure la chance d'être reconnu sur la terre entière et dans le milieu des romanciers populaires. Je pense avoir donné des couleurs à mon pays par l'écriture de Maigret. Au revoir.

L'espérance. Voilà le mot qui vous unirait à votre foi. Votre foi n'est pas encore tout à fait prête à partager notre champ des visions célestes. Mais je ne désespère pas qu'un beau jour, vous vous réveillez enfin.

Sylvester (chanteur)

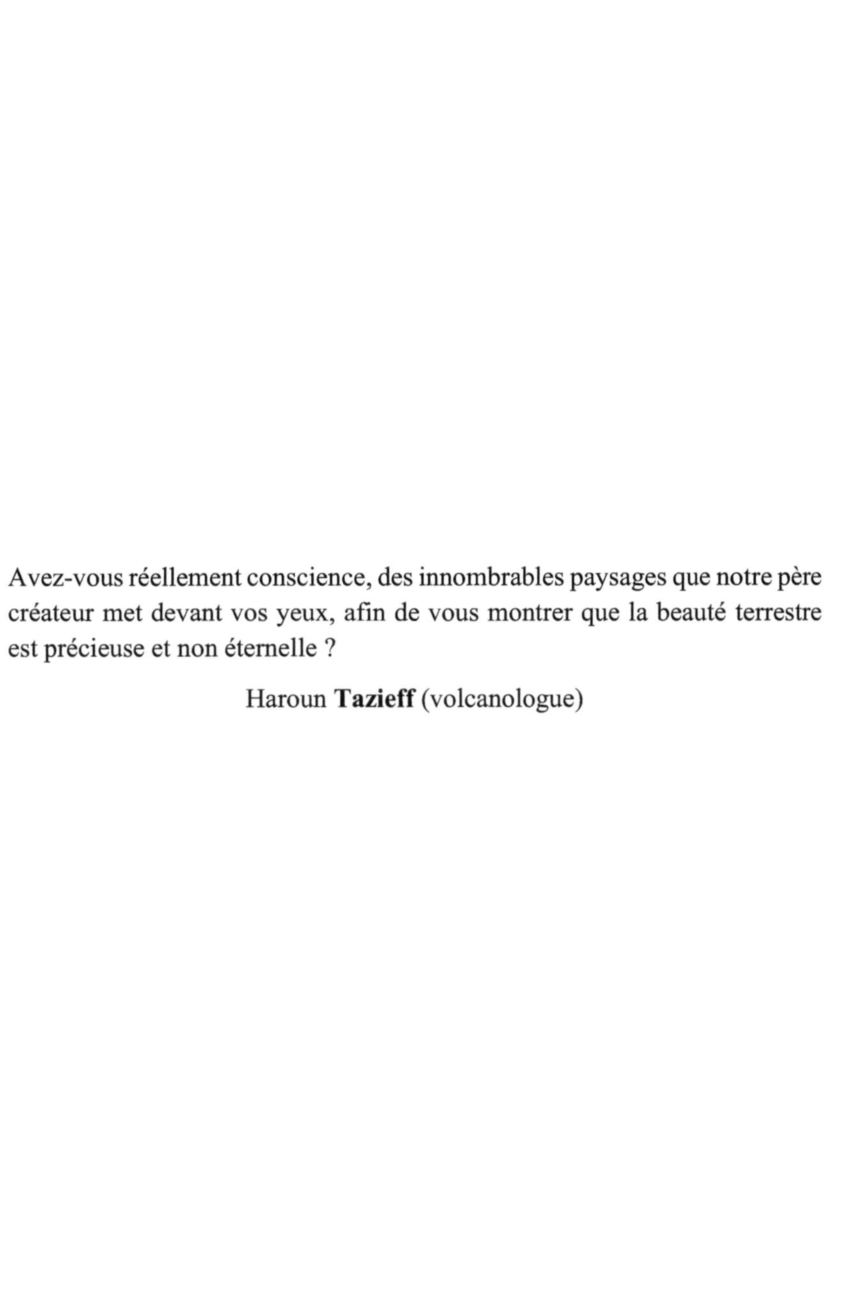

Avez-vous réellement conscience, des innombrables paysages que notre père créateur met devant vos yeux, afin de vous montrer que la beauté terrestre est précieuse et non éternelle ?

Haroun **Tazieff** (volcanologue)

La vie ne s'achète pas.

Mère **Teresa** (religieuse)

Pourquoi se raccrocher aux perversions terrestres, alors que notre monde céleste vous attend pour vous donner tout l'amour que le terrestre ne pourra jamais vous offrir ?

Tonio

Lorsque la douleur est trop forte et que notre cœur s'effondre, seul notre père créateur peut en reprendre le contrôle. Céleste et terrestre ne font qu'un dans le cœur du divin.

Uriel (ange)

Nous vous aimons et vous demandons de croire en nous. Tout comme l'enfant croit en son père. Votre cœur terrestre est malheureusement mort depuis déjà très longtemps. Heureusement, la vérité contient notre amour pour votre univers terrestre.

Vercingétorix (chef et roi des Arvernes)

Simone Veil

Ma vie politique a été riche. Ma vie de femme aussi. Je n'ai jamais baissé les bras devant l'affrontement politique et humain. J'essayais de convaincre les hommes politiques, du même poids que j'essayais de vaincre le mal. Avec détermination et solidité. Je ne pense jamais à la défaite. Je pense au gouvernement récalcitrant. Je peux dire aujourd'hui que tout n'a pas été facile mais cela en valait vraiment le jeu. Pouvoir et séduction ont été au cœur de ma vie politique. Je ne regrette vraiment aucun de mes actes politiques. Je sais que beaucoup de femmes ont vaincu le malaise et la peur, grâce à cette loi votée en faveur de l'interruption volontaire de grossesse. Aujourd'hui, je pense que nous avons vécu un grand moment ce jour de vote. Rien ne sera plus comme avant.

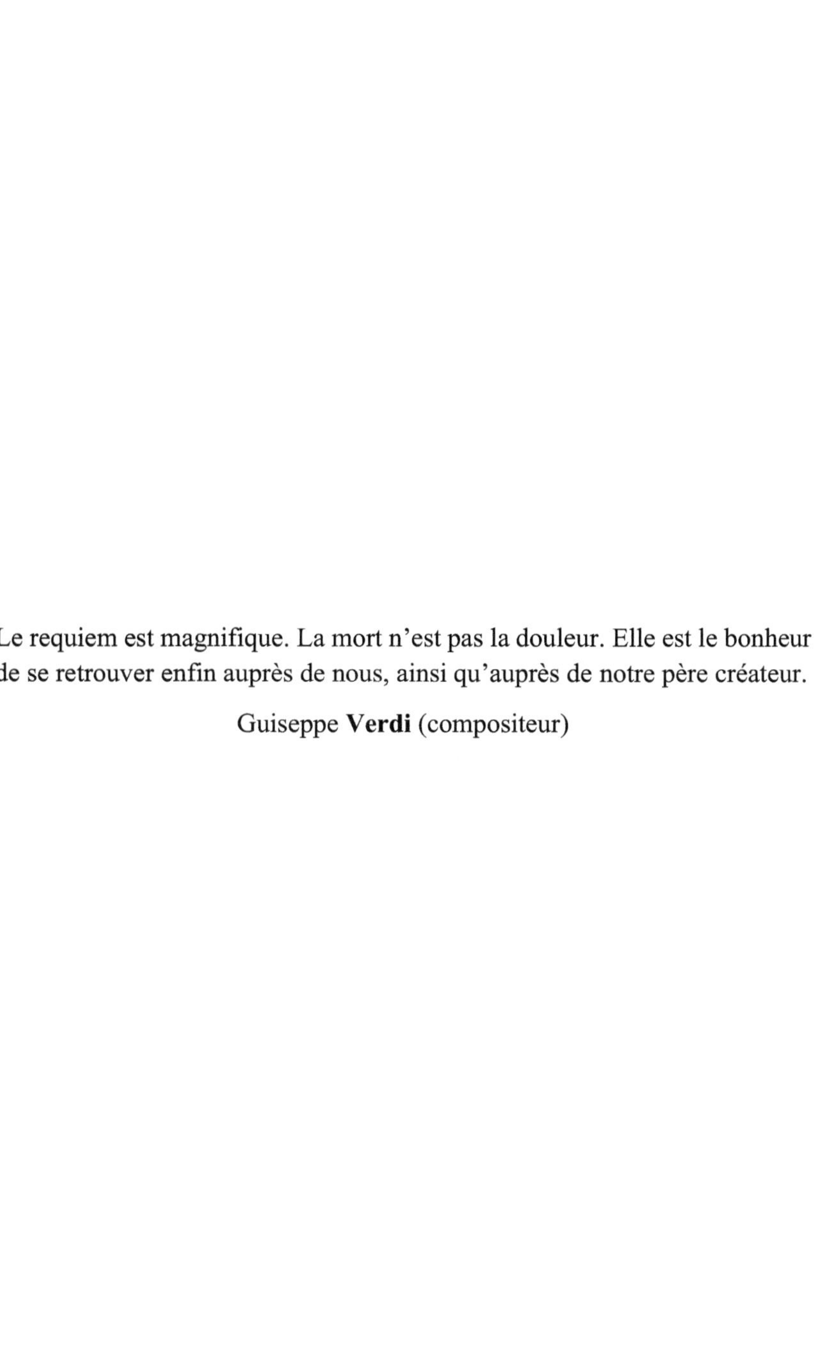

Le requiem est magnifique. La mort n’est pas la douleur. Elle est le bonheur de se retrouver enfin auprès de nous, ainsi qu’auprès de notre père créateur.

Guiseppe **Verdi** (compositeur)

La raison pour laquelle la foi vaut de l'or ? C'est que celle-ci est la parole divine. Et c'est cette parole-là que vous devez mettre en avant et non une autre. Toute ressemblance pourrait être condamnable. Alors, allez prodiguer cette belle parole.

Jules **Verne** (écrivain)

Rire ou pleurer ne sert absolument à rien, si vous ne mettez aucun autre sentiment. L'amour et la haine ne vont pas vous déstabiliser. Pas plus que la vie ou la mort. Mais pouvez-vous déjà éprouver ces sentiments ? Ressentez, vibrez puis vivez. Voilà, l'ordre naturel des choses que l'on se doit de vous faire retrouver. Ensuite, tout rentrera dans chaque case, comme notre père créateur l'a voulu et fait.

Vincenzo

L'oraison funèbre est ce passage obligatoire pour le repos et le bien-être de la conscience. L'oraison funèbre relate le passage terrestre du mourant. Ce passage où l'âme et le corps terrestre se retrouvent sur le même parcours céleste / terrestre. L'oraison funèbre n'est pas faite pour être pleurée mais pour être en pleine conscience, avec le défunt parti.

Virgile (poète)

La présence de notre père créateur ne pourrait être, si vous raisonnez comme quelqu'un de froid et d'incertain. Son amour éternel ne pourra vous rassembler tant que votre raison se refuse à vouloir croire. Tant que votre raison veut dominer la terre, les cieux et les hommes. Alors sachez reconnaître notre père éternel. Appréciez sa présence autour de vous. Mes enfants, soyez toujours certains de lui comme de votre cœur terrestre. Donnez-lui votre amour. Montrez-le-lui.

Carol **Vojtyla** dit Jean Paul II (pape)

La mort est indissociable à la vie et n'est qu'un simple passage. Une simple transformation de matière. La peur que nous n'existions pas, vous prend aux tripes comme le feu brûle vos meubles et vos planches. Que pourrait-on bien vous donner comme preuves de notre existence ?

Voltaire (écrivain et philosophe)

Robert Wise

Mon nom est Robert Wise, cinéaste américain de l'après-guerre. Je sais que le metteur en scène et réalisateur que j'étais était trop occupé pour comprendre que sa famille avait un besoin urgent d'être protégé par un mari et un père. Je n'étais pas là au moment où l'on avait le plus besoin de mon amour. Je sais que je ne peux plus donner cet amour à ma famille car eux aussi sont décédés. Je peux accepter par contre, d'être le parrain d'amour d'âmes en perditions. Alors j'appelle ces âmes à me rejoindre au crépuscule de l'univers céleste pour leur apporter cet amour. A elles, ces âmes sans amour et sans auteurs. J'approche de vous. Venez vers mon corps céleste.

Robert Wise, auteur, metteur en scène et cinéaste américain.

La fleur est si belle lorsqu'elle s'épanouit au soleil. Alors pourquoi ne pas vous épanouir, vous aussi face à la lumière de notre père créateur.

John **Wayne** (acteur)

Le rôle de l'être humain au sein de l'univers ? Relier le terrestre au céleste. Ce rôle est si fort que rien d'autre ne devrait exister. Vous êtes le chaînon manquant.

Orson **Welles** (acteur, réalisateur…)

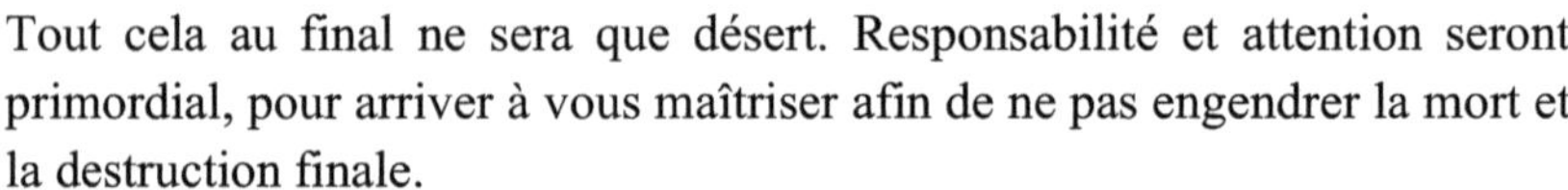

Tout cela au final ne sera que désert. Responsabilité et attention seront primordial, pour arriver à vous maîtriser afin de ne pas engendrer la mort et la destruction finale.

Oscar **Wilde** (écrivain, dramaturge, poète…)

La virginité. Cette forteresse humaine. La peur de la prendre d'assaut ne sera que temporaire. Car la puissance de l'amour terrestre sera la clé. Et l'élan céleste fera de cet amour, une bienfaisance.

Esther **Williams** (nageuse et actrice)

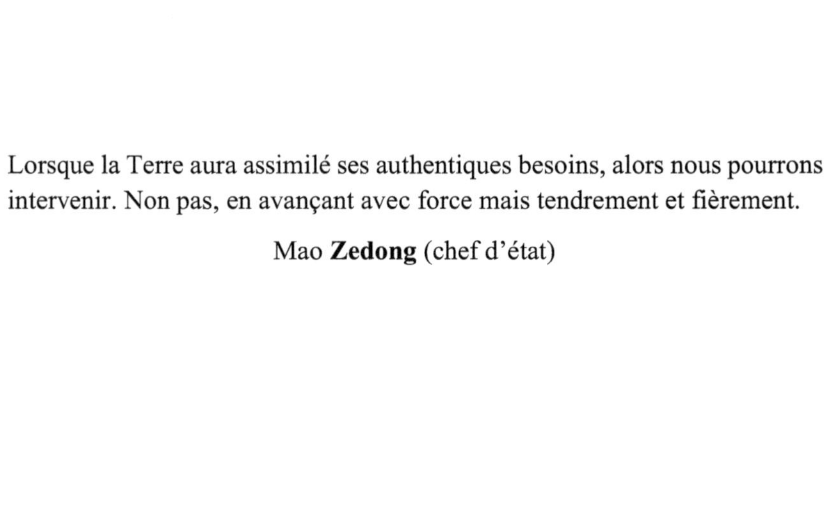

Lorsque la Terre aura assimilé ses authentiques besoins, alors nous pourrons intervenir. Non pas, en avançant avec force mais tendrement et fièrement.

Mao **Zedong** (chef d'état)

Pourquoi ne pas croire que tout est possible ? Dans cet univers, tout a été remarquablement créé pour que nous puissions exister et travailler en commun. Vous, de votre côté, et nous du nôtre. Aujourd'hui, ce n'est pas de la force dont nous avons besoin, pour avancer ensemble mais bel et bien de la croyance, l'un envers l'autre. Alors n'attendez plus que l'on vienne à vous. Marchez vers nous.

Léon **Zitrone** (journaliste, animateur télé et radio)

yes

I want morebooks!

Buy your books fast and straightforward online - at one of world's fastest growing online book stores! Environmentally sound due to Print-on-Demand technologies.

Buy your books online at
www.morebooks.shop

Achetez vos livres en ligne, vite et bien, sur l'une des librairies en ligne les plus performantes au monde!
En protégeant nos ressources et notre environnement grâce à l'impression à la demande.

La librairie en ligne pour acheter plus vite
www.morebooks.shop

info@omniscriptum.com
www.omniscriptum.com

Printed by Books on Demand GmbH, Norderstedt / Germany